U0394670

本书是国家社会科学基金重大项目招标课题“食品安全风险社会共治研究”的阶段性研究成果，项目批准号：14ZDA069；国家自然科学基金农林经济管理学科群重点项目“农业产业组织体系与农民合作社发展：以农民合作组织发展为中心的农业产业组织体系创新与优化研究”的阶段性研究成果,项目批准号：71333011。

食品质量安全视角下生猪养殖户的生产者行为研究

钟颖琦　吴林海／著

人民出版社

序　言

食品安全问题是全球性问题，各国学者为破解食品安全难题做了大量先驱性的研究。在当前食品安全问题更多地表现为人为因素导致的背景下，本书从生产者的角度，对食品供应链中影响食品质量安全的生产者行为，尤其是对生猪养殖户的生产行为进行了系统而又详细的研究。

值得注意的是，食品安全问题是一个动态的问题，进入新时代以来，中国的食品安全问题呈现出新的特征，不仅给食品安全风险的防控带来新挑战，同时也对食品安全问题的研究提出了新要求。在当前食品以次充好、以劣代良等欺诈现象泛滥的背景下，以及随着居民消费水平的提高，消费者对食品品质提出更高要求的前提下，有必要对食品安全问题进行重新审视。有鉴于此，作者在研究食品安全问题时，不仅仅限于食品必须满足无毒无害等最基本的安全问题，还要考虑更为复杂的质量问题。作者在梳理现有研究的基础上，提出了更动态、更全面、更具体的食品质量安全的概念，对食品安全问题的内涵与外延进行了拓展。通过理论研究，作者构建了研究食品生产者生产行为的理论模型与激励相容机制，并通过实地调研，检验了激励相容机制的有效性。本书得出“一定的经济激励是促使养殖户保证猪肉安全和提高猪肉质量的基础，仅仅依靠经济激励的手段不能完全保证养殖户在所有的生产行为上都采取规范的生产方式”“生猪养殖户在提高猪肉的质量方面需要更高的价格激励”以及“中小规模的养殖户在饲料和饲料添加剂的使用、污水粪便的处理以及动物福利方面偏好安全程度和质量程度较低的生产行为，是制约猪肉质量安全得以提升的关键”等结论，对有效规范养殖户的生产行为，提高猪肉的质量安全具有较大的参考价值。

诚如作者所言，食品安全问题是一个非常复杂的议题，涉及的生产者行为是多种复杂因素综合导致的结果，经济学的原理也只能从经济的角度反映现实问题，尽管如此，这部专著在探讨食品生产者的行为机理，探索有效规范养殖户生产行为的经济激励与行政监管措施方面做了许多有益的尝试，这是值得肯定的。希望未来作者在此基础之上，探索出更贴近实际的研究食品生产者行为的理论模型，更有效地分析和解决食品安全问题。

黄祖辉

2018 年 9 月

目　录

导 论

第一节 研究的背景与意义

一、研究背景

最近二十年来，全球爆发了一系列的食品安全事件，例如疯牛病事件、二噁英污染事件、口蹄疫事件、O104:H4大肠杆菌感染事件等，不仅对食品行业造成巨大冲击，而且对消费者的身体健康也造成非常大的危害。根据世界卫生组织（World Health Organization，WHO）的估计，在全球范围内，每年仅因食源性和水源性腹泻导致的死亡人数就达220万人。[①] 在美国，其监测的9种食源性病原造成的总发病数每年约达4800万人次，造成12.8万人次接受住院治疗和3000人次的死亡，经济损失高达350亿美元。[②] 由于食源性疾病的表现多以胃肠道症状为主，难以被精确估计，因此漏报率非常高，发展中国家的漏报率达95%以上，发达国家也高达90%。[③] 实际上由未监测及漏报的食源性

① Food Standards Agency,*The FSA Foodborne Disease Strategy*, London: Food Standards Agency, 2011, p.11.

② 数据来源：美国疾病预防与控制中心（Centers for Disease Control and Prevention），见http://www.cdc.gov/。

③ C.J.Griffith, D.Worsfold, R.Mitchell, "Food Preparation, Risk Communication and the Consumer", *Food Control*, Vol.9, No.4, 1998. 毛雪丹、胡俊峰、刘秀梅：《2003—2007年中国1060起细菌性食源性疾病流行病学特征分析》，《中国食品卫生杂志》2010年第3期。

疾病造成的危害更加严重。

在中国，由于人口基数大，由食源性疾病引起的发病人次更是庞大。国家卫生部根据2011—2012年急性肠胃炎发病状况的试点调查推算出，中国每年发生食源性疾病的数量为2亿—3亿人次。[①]根据国家卫生和计划生育委员会的数据显示，近三十年来，国家卫生部每年接收到的食物中毒报告为600—800起，约有2万—3万次的发病案例，死亡百余例。在2006—2015年十年间，我国共发生食品安全事件253617起，其中，2011年和2012年每年发生的食品安全事件数量超过3.8万起，是近十年来食品质量安全最为严峻的两年。

食品安全问题是全球性问题，各国政府、学者为破解食品安全问题作出很多努力。国内外学者已在宏观与微观、技术与制度、政府与市场、生产经营主体以及消费者等多个角度、多个层面上进行了大量的先驱性研究。[②]就食品安全问题的成因而言，初步可归纳为两方面的因素，一是由客观因素所致的自然风险，如由于知识欠缺、设备故障、技术风险等所导致的食品质量安全问题；[③]二是由人为因素直接或间接导致的社会风险，如食品生产者由于利益的驱动而导致的不规范生产行为。[④]随着食品科学技术水平的不断发展，食品技术水平已不再是制约、影响食品安全水平的主要瓶颈，现今食品安全问题更多地是由人

---

① 陈君石：《中国的食源性疾病有多严重？》，《北京科技报》2015年4月20日。

② 刘俊威：《基于信号传递博弈模型的我国食品安全问题探析》，《特区经济》2012年第1期。

③ N. Hirschauer, M. Bavorova, G. Martino, "An Analytical Framework for a Behavioral Analysis of Non-compliance in Food Supply Chains" , *British Food Journal*, Vol.114, No.8, 2012.

④ N.A. Hirschauer, "Model-based Approach to Moral Hazard in Food Chains: What Contribution do Principal Agent Models Make to the Understanding of Food Risks Induced by Opportunistic Behavior" ,*German Journal of Agricultural Economics*, Vol.53, No.5, 2011.

为因素所致。[1] 作为世界上最大的发展中国家，中国的食品安全问题极其复杂，但从食品安全风险的特征以及重大食品安全事件的基本性质和主要成因来看，中国食品安全问题更多地是食品生产经营主体的不当行为、不执行或不严格执行食品技术规范与标准体系等违规、违法行为所致。[2]

图0.1显示了2006—2015年十年间发生的食品安全事件。[3] 在这十年间发生的食品安全事件中，有75.33%的事件是由人为因素所导致，包括非法添加违禁物、无证或无照生产经营、使用过期原料或出售过期产品、造假或欺诈、违规使用添加剂等。而重金属超标、农兽药残留、物理性异物、含有致病微生物以及菌落总数超标等与自然因素有关的食品安全风险，也是由于人为操作不规范所间接导致的后果。由此可见，随着食品技术的不断发展，源自食品技术方面的食品安全风险大幅减少，特别是在食品生产、流通的企业以小、散、多为主要特征的中国，食品安全风险已由传统的技术因素导致的风险转变为社会因素产生的风险，即以生产者行为为主体所构成的社会风险。

近年来爆发的食品安全事件显示，我国食品安全问题在新时期面临新的风险与挑战：首先，食品安全风险向供应链前端转移。原材料污染成为第一大风险，并且更具隐蔽性，给监管部门带来更大的挑战。其次，食品造假泛滥，已逐渐成为食品工业的新"毒瘤"。[4]2014年以来，以非法添加违禁物、恶意添加非食用化学物为主的致人死亡的安全事

① L.H. Wu, Y.Q. Zhong, L.J. Shan, et al., "Public Risk Perception of Food Additives and Food Scares: The Case in Suzhou, China", *Appetite*, Vol.70, 2013.

② 尹世久、高扬、吴林海：《构建中国特色的食品安全社会共治体系》，人民出版社2017年版，第78—79页。

③ 数据来源：通过大数据监测平台 Data Base V 1.0 获取，详见第二章内容。

④ 孟素荷：《从全球视角看看食品安全问题》，《北京青年报》2015年4月28日。

故已大幅降低，但以劣代良、以次充好、以假乱真等食品造假、欺诈事件却不断出现。最后，科学家与消费者之间缺乏可靠的交流机制，公众科普的力度仍然薄弱，构建食品安全风险交流体系，重建消费者的信心仍然任重而道远。

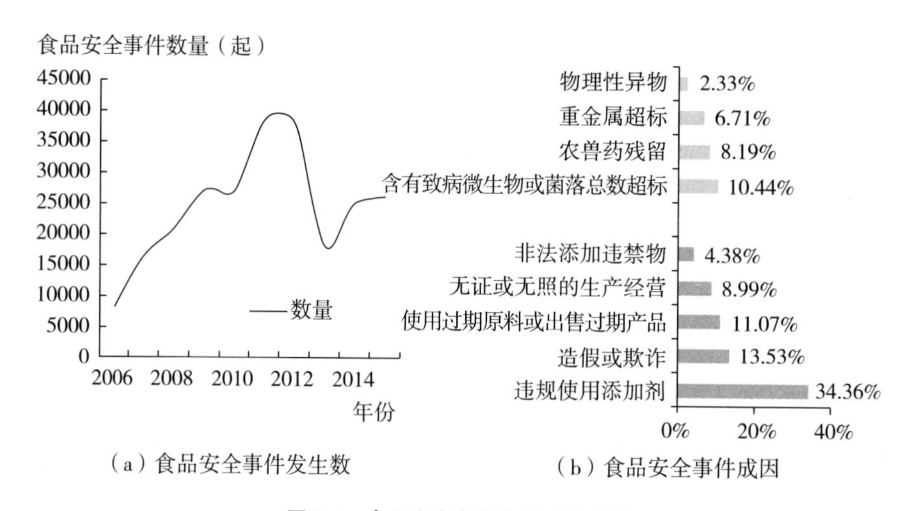

（a）食品安全事件发生数　　（b）食品安全事件成因

图 0.1　食品安全事件数及主要成因

资料来源：根据食品安全数据监测平台 Data Base V1.0 挖掘的 2006—2015 年全国食品安全事件数据整理。

在当前食品安全问题更多地是由人为因素导致的背景下，研究食品生产者的生产行为对破解食品安全难题显得尤为重要。然而，面对食品安全问题所具有的新特征，首先需要厘清的是，食品安全问题究竟包括哪些？通过对近年来食品安全事件成因的总结发现，食品造假、欺诈等行为已成为食品安全问题的第二大成因，仅次于违规使用添加剂。然而，与传统意义上的食品安全问题对人体健康造成极大危害的特性不同，以次充好、以劣代良、以假乱真等造假、欺诈的行为，除去某些特定的食品之外，在对消费者的身体健康造成危害的同时，更多的是因未满足消费者的预期需求从而造成其经济上的损失。近年来，随着居民生活水平的提高，消费者对食品提出了更高的要求，不再满足于保障最基本的食品安全，对食品质量也提出了新的要求：不仅开始重视食品的营养性、功能性，同时也开始关注食品生产过程中涉及的伦理道德、职业卫生、环境污染等问题。在这种背景下，食品安全是否应被赋予更丰富的内涵？究竟是保证食品“不损害人体健康，不引起食用者急性或慢性疾病，不产生潜在危害、危及食用者后代”的最基本要求，还是具备“保证食品的品质，满足消费者付出特定的金钱所期望得到的所有需求”等更高层次的要求？本书的研究就是在这一背景前提之下展开的。

二、研究意义

基于上述背景，本书尝试将食品质量问题纳入食品质量安全问题的研究中进行分析，致力于构建食品质量安全问题的整体研究框架。由于影响食品质量安全的生产行为贯穿于从“农田到餐桌”的整个供应链环节，其行为不仅因所涉的环节而异，也因食品的种类而异，非常复杂。穷尽对食品供应链中影响食品质量安全的所有生产行为进行研究，既不现实也不必要。因此，本书借鉴危害分析与关键控制点（Hazard Analysis Critical Control Points，HACCP），就生猪养殖环节可能引起食品安全风险和质量风险的关键点进行了具体分析，为运用危害分析与关键控制点研究供应链的前端环节——农业生产环节存在安全风险与质量风险的关键点，从而进行有针对性的风险控制提供一定的启示。

信息不对称是食品质量安全问题的根源，买卖双方间的信息不对称导致生产者为谋求私利采取不规范的生产行为，由此造成道德风险问题（或委托—代理问题）。已有的研究应用委托—代理模型分析了诸多因信息不对称导致的雇用问题、保险问题，也不乏研究分析食品供应链中的信息不对称问题。但是，以往的研究一方面忽略了食品风险的特殊性，不能很好地代表食品供应链中生产者与消费者的行为；另一方面，又因其复杂性超过经验数据的可用性，难以将其应用于实证分析中。因此，在应用委托—代理模型解决食品质量安全问题时，需要结合微观实际加以修正。本书在设计规范养殖户生产行为的激励相容机制上做了有益的尝试，为后续运用委托—代理模型分析食品质量安全问题提供了一定的启示。

食品安全是全球性的公共卫生和经济问题，确保食品安全、提高食品质量是世界各国人民和政府共同追求的目标。研究食品生产者的行为，对有效控制食品质量安全，提高食品安全监管水平具有非常重要的现实意义。在中国，猪肉是十分重要的动物源食品，是中国居民肉类消费的最主要来源。2017 年，我国居民人均猪肉消费量为 39.52 千克，占全部肉类消费总量的 64.78%。并且，中国的猪肉产量和消费量居世界首位，是全球最大的猪肉生产国和猪肉消费国。因此，确保猪肉的质量安全，不仅对保障我国的食品质量安全，甚至对保障全球的食品质量安全都具有十分重要的现实意义。

第二节　相关概念界定

本节就本书涉及的主要概念进行界定。首先，对食品、农产品、食用农产品的概念进行了界定，确定了本书所探讨的食品概念的范畴。其次，对食品安全、食品质量、食品质量安全等本书所涉及的核心概念进行了详细解释，尤其是对食品安全与食品质量的关系，食品质量安全所包含的具体内涵和外延进行了详细梳理。最后，从食品安全和食品质量两个角度，就食品安全风险和食品质量风险的概念及其风险来源进行了详细描述，作为后续基于食品质量安全风险研究生产者行为的起点以及基础。

一、食品、农产品、食用农产品

一般而言，食品就是可供人类食用的物品，从构成上来看，它既包括天然的食品也包括加工的食品。天然食品是指在大自然中生长的、未经加工制作的、可供人类直接食用的物品，例如蔬菜、水果等；加工食品则是指经过一定的工艺加工、生产而成的、以供人们食用或饮用的制成品，如面粉、果汁等。通常情况下，食品不包括以治疗为目的的药品、烟草及化妆品。

根据 2015 年 10 月 1 日施行的《中华人民共和国食品安全法》，食品是指“各种供人类食用或饮用的成品和原料以及按照传统既是食品又是中药材的物品，但不包括以治疗为目的的物品”。国际食品法典委员会（Codex Alimentarius Commission，CAC）1985 年在《预包装食品标签通用标准》中对“一般食品”的定义是“指供人类食用的，不论是加工的、半加工的或未加工的任何物质，包括胶姆糖、饮料，以及在食品制造、调制或处理过程中使用的任何物质；但不包括烟草、化妆品或只作药物用的物质”。

食品概念的专业性很强，也不是本书研究的重点。如无特别说明，本书对食品的理解主要依据现行的《中华人民共和国食品安全法》。

农产品即来源于农业的初级产品，根据 2006 年《中华人民共和国农产品质量安全法》的定义，农产品既包括在农业活动中获得的动物、植物，也包括农业活动中获得的微生物及其相应的产品。农产品有广义与狭义之分。广义的农产品是指农业部门所生产出的产品，包括农、林、牧、副、渔等所生产的产品；而狭义的农产品仅指粮食。

由于农产品是食品的主要来源，也是工业原料的重要来源，因此可将农产品分为食用农产品和非食用农产品两大类。国家商务部、财政部以及国家税务总局于2005年发布的《关于开展农产品连锁经营试点的通知》对食用农产品做了详细地注解，食用农产品包括可供食用的各种植物、畜牧、渔业产品及其初级加工产品。根据农产品的定义，本书的主要研究对象猪肉就属于食用农产品的范畴，同时猪肉也是非常重要的动物源食品。因此，从猪肉的角度来看，食品和食用农产品并无太大的区分。

农产品与食品之间既相互区别，又相互关联。在有些国家农产品包括食品，而在有些国家则是食品包括农产品。例如《加拿大农产品法》中的"农产品"就包括了"食品"，而在一些国家则将"农产品"包含在"食品"之中。虽然有些国家将农产品置于食品之中，但同时也强调食品的"加工和制作"这一过程。农产品与食品存在天然的联系。从加工过程来看，农产品是直接源于农业的初级产品，包括直接食用农产品、食品原料和非食用农产品等，而大部分农产品需要再加工后才能变成食品。因此也可以说，食品是农产品这一农业初级产品的延伸与发展。从质量安全上来看，两者的联系更为紧密。食品质量安全问题的源头在农业生产环节，食品的质量安全水平首先取决于农产品的质量安全状况。农产品质量安全问题主要产生于农业生产过程中，例如农药、化肥、兽药、添加剂的使用。但农产品与食品仍然存在一定的区别。从所属的不同产业角度来分析，农产品是直接来源于农业生产活动的产品，属于第一产业的范畴；食品尤其是加工食品主要是经过工业化的加工过程所产生的食物产品，属于第二产业的范畴。加工食品是以农产品为原料，通过工业化的加工过程形成，具有典型的工业品特征，例如具有生产周期短，保质时间长，运输、贮藏、销售过程中损耗浪费低等特点。而农产品则普遍具有生产周期长、易腐易坏易损耗等特点。这就是农产品与食品的主要区别，图 0.2 反映了食品与农产品之间的相互关系。①

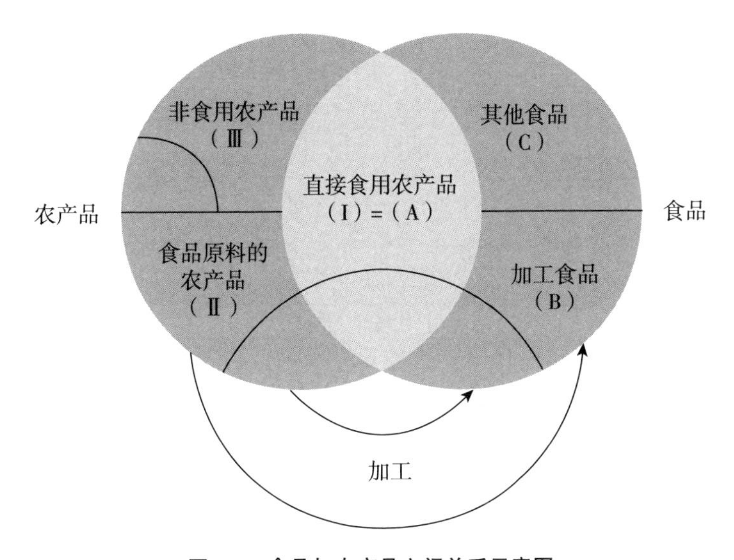

图 0.2 食品与农产品之间关系示意图

目前学术界在讨论食品安全的问题时一般不就农产品、食用农产品、食品等做非常严格地区分，而是相互交叉，往往将农产品、食用农产品包含在食品的含义之中。在本书中，由于研究的主要对象是猪肉，生猪在未进入屠宰加工环节时，是以农产品的形态存在的，而在食品企业加工制作之后，又是重要的食品。由于生猪最终仍要以猪肉

① 李锐等:《中国食品安全发展报告 2017》，北京大学出版社 2017 年版，第 4—5 页。

的形态进入流通环节从而进行消费，因此，本书对食用农产品、食品不做非常严格地区分，而是将研究的对象猪肉笼统地置于食品这个概念当中进行分析。

二、食品安全与食品质量

食品安全的概念最早是在 1974 年于联合国粮农组织（FAO）上提出的，强调食品的数量安全，满足人们对食品数量的基本需要，对应的英文表述为 Food Security。其后，随着技术进步和生产发展，粮食数量的短缺已不再是多数国家存在的主要问题，世界卫生组织（WHO）从保障人类的健康角度出发，对食品安全（Food Safety）进行了新的定义，提出食品安全是指“确保食品消费对人体健康不造成直接或间接的不良影响”。1996 年，世界卫生组织重新界定了食品安全的概念，即“按照食品原定的用途对其进行准备、制作与使用，食用时不会对消费者的健康造成危害的一种担保”。这一概念被国际标准化组织（ISO）沿用至今。从上述定义中可以看出，国际上对食品安全的界定是基于食品中不含有损害人体健康的有毒有害物质、不引起食用者急性或慢性疾病，以及不产生潜在危害、危及食用者后代健康的角度出发。我国食品安全法对食品安全的定义除了强调食品不危及人体健康的特性外，还涵盖了食品的营养属性，是指“食品无毒、无害，符合应有的营养要求，对人体健康不造成任何急性、亚急性或者慢性危害”。

相较于食品安全，对食品质量尚无统一的定义。世界卫生组织将食品质量定义为“食品满足消费者明确的或隐含的需求的特性”。根据国际标准化组织（ISO）以及美国质量管理协会（ASQC）对质量的定义也可以看出，食品质量是指食品满足消费者特定需求能力的程度。由于食品质量是由食品购买者根据食品满足其需要的程度进行定义的，因此，不同的消费者和食品加工者对食品质量的定义不尽相同。此外，食品质量受食品购买者的主观评价、文化水平、风俗习惯等不同的影响，也难以给出国际化的统一标准。[①] 通常情况下，学者们在探讨食品质量时，多从食品质量所包含的属性入手去解释食品质量这个系统性的概念。食品质量的属性可分为功能性、营养性、稳定性、经济性以及卫生性。其中卫生性类似于前面提到的对食品安全的定义，即保证食品无毒无害，不对身体健康产生负面影响。[②] 卡斯韦尔（Caswell）将食品质量属性归纳为价值属性、安全属性、营养属性、包装属性以及过程属性。[③] 其中安全属性就是指食品的安全性，主要包括食源性疾病，重金属、农药、兽药残留，食品添加剂以及自然毒素等对人体健康造成的危害等方面。而美国果蔬种植培训手册中对食品的属性分类则主要从外部属性、内部属性以及隐藏属性的角度进行考虑。[④]

三、食品质量安全

在国内外文献中，单独使用食品的“质量”或“安全”的概念时，学者们往往将两者置于不同的层次上。例如，认为食品安全包含了食品质量、食品品质、食品卫生等内容（《食品安全法 2009》），或认为食品安全作为食品质量的其中一个属性，与食品的营养属性、价值属性、

---

① S.Droby, “Improving Quality and Safety of Fresh Fruits and Vegetables after Harvest by the Use of Biocontrol Agents and Natural Materials”, *Acta Horticulturae*, Vol.709, 2006.

② 陈于波：《食品工业企业技术管理》，中国食品出版社 1987 年版，第 45—47 页。

③ J.A. Caswell, “Valuing the Benefits and Costs of Improved Food Safety and Nutrition”, *Australian Journal of Agricultural and Resource Economics*, Vol.42, No.4, 1998.

④ UN, *Safety and Quality of Fresh Fruit and Vegetables: A Training Manual for Trainers*, see in http://unctad.org/en/docs/ditccom200616_en.pdf, 2007-9-10.

过程属性等共同构成食品的质量属性。[①] 按照是否可能对人体健康产生危害将食品的质量属性分为安全属性和非安全属性。[②] 食品质量包含影响食品价值的所有属性，例如外部属性、内部属性和隐藏属性。而食品安全仅仅是食品质量的隐藏属性中可能对人体健康造成损害的属性。[③] 不同于食品质量的其他属性，食品安全属性难以直接观测。因此，一件商品可能具有较高的质量，但不一定具有较高的安全性。[④]

在同时使用食品质量安全的概念时，对其广泛的定义通常是将其视为“偏正式”的组合词来解释，更多地注重食品的“安全”。[⑤] 即解释为质量方面的安全，与数量方面的安全相对应，体现在英文词意中，有 Food Safety 与 Food Security 的区别。根据“偏正式”的解释方法，可将现有对食品质量安全的研究文献归纳为两类：一是关注食品对消费者生命安全的影响，即考察食品的卫生状况，保证食品无毒、无害。二是研究食品如何按其原定用途进行制作，不破坏食品本身的营养价值，即关注食品的品质，提升食品有益于消费者身体健康的功能。如程言清和任端平等认为，食品质量安全描述了食品的优劣程度，不仅包括食品的安全性程度，更强调食品的品质水平。[⑥] 也有部分研究者将食品质量安全视为“并列式”的组合，钟真和孔祥智将食品的质量安

① J.A. Caswell, “Valuing the Benefits and Costs of Improved Food Safety and Nutrition”, *Australian Journal of Agricultural and Resource Economics*, Vol.42, No.4, 1998.

② J.M. Antle, “No Such Thing as a Free Safe Lunch: The Cost of Food Safety Regulation in the Meat Industry”, *American Journal of Agricultural Economics*, Vol.82, No.2, 2000.

③ S.G. Herrero, M. A. M. Saldana, M. A. M. Del Campo, et al., “From the Traditional Concept of Safety Management to Safety Integrated with Quality”, *Journal of Safety Research*, Vol.33, No.1, 2002.

④ UN, *Safety and Quality of Fresh Fruit and Vegetables: A Training Manual for Trainers*, see in http://unctad.org/en/docs/ditccom200616_en.pdf, 2007-9-10.

⑤ 张守文：《当前我国围绕食品安全内涵及相关立法的研究热点——兼论食品安全、食品卫生、食品质量之间关系的研究》，《食品科技》2005 年第 9 期。

⑥ 程言清：《食品质量和食品安全辨析》，《中国食物与营养》2004 年第 6 期。任端平、潘思轶、何晖等：《食品安全、食品卫生与食品质量概念辨析》，《食品科学》2006 年第 6 期。

全划分为“安全”和“品质”两个部分，将可能危害人类身体健康的安全属性界定为食品安全，将不会直接对人体健康产生影响的价值属性定义为食品品质，对食品质量安全的概念细化到属性的层面进行分析。[①]表0.1和表0.2显示了食品质量与食品质量安全的定义划分。在多数文献研究中，一般认为食品质量的概念大于食品安全的概念。因此，在研究侧重食品安全的文献中，往往把食品质量中的安全属性作为一个特殊的属性，单独拿出来进行分析。

表 0.1 食品质量属性的分类

外部属性	内部属性	隐藏属性
外观	气味	卫生状况
触感	味道	营养价值
瑕疵	质地	安全性

资料来源：United Nations, *Safety and Quality of Fresh Fruit and Vegetables: A Training Manual for Trainers*, New York, 2007, p.28。

表 0.2 食品质量安全的定义

分类	解释	代表文献
单独使用	食品安全包含食品质量	2009年颁布的《食品安全法》
	食品质量包含食品安全	Caswell（1998）；Antle（2000）；Herrero et al.（2002）；Das et al.（2007）；周应恒等（2008）
偏正式	侧重食品安全	2006年颁布的《农产品质量安全法》；张守文（2005）
	侧重食品质量	程言清（2004a）；任端平等（2006）
并列式	食品质量与食品安全	钟真（2012）；常倩等（2016）

资料来源：根据文献由作者整理所得。

食品安全是食品质量最基本的要求，具有不可替代的唯一性和必

① 钟真、孔祥智：《产业组织模式对农产品质量安全的影响：来自奶业的例证》，《管理世界》2012年第1期。

须达到的强制性，当前控制食品质量，首要目标是保障食品安全。因此，食品质量安全已逐步成为指代有关食品质量的各种属性中尤其突出其安全属性的称谓。目前，有关食品质量安全的研究也多集中于对食品的安全属性进行分析。鉴于此，本书的研究在认同食品质量概念大于食品安全概念的基础上，对食品质量安全做进一步细化，借鉴钟真和孔祥智、常倩等的研究成果，从食品质量与食品安全两个角度出发，考察生产者可能存在的风险行为。[①] 本书中探讨的食品质量安全，既包括食品安全，又包括食品质量的概念；既包含“不会对人体造成直接危害”的最基本要求，又包含“满足消费者特定支付下所预期的质量”的更高要求。因此，本书的研究既考虑满足食品最基本的安全属性，又探讨更高层次的食品质量问题。

四、食品质量安全风险

在潜在危害的情境中，风险被定义为某一特定危害发生的可能性以及后果严重性的概率的组合。[②] 根据危害来源的不同，食品质量安全风险可分为食品安全风险与食品质量风险。

食品安全风险是指对健康存在潜在危害的食物的生物、化学或物理特性，或者食物所呈现的食物中毒、食物污染的状态，以及由此引发的疾病。确保食品安全，主要是指确保食物不包含有毒有害物质以及免于微生物污染。食品的微生物污染可能导致食品腐败或者食物中毒。在食品的生产加工过程中，例如细菌、病毒、寄生虫、藻类、霉

---

① 常倩、王士权、李秉龙：《农业产业组织对生产者质量控制的影响分析——来自内蒙古肉羊养殖户的经验证据》，《中国农村经济》2016 年第 3 期。

② S.Royal, *Risk: Analysis, Perception and Management*, London: The Royal Society, 1992, p.27.

菌等，都可能对食品的生物特性造成影响，这些微生物污染携带神经毒素、肠毒素和霉菌毒素等，对食用者造成腹泻、痢疾、呼吸衰竭等急性病以及癌症、高血压等慢性病。常见的导致食物中毒的细菌有沙门氏菌、空肠弯曲杆菌、单核细胞增多李斯特菌和大肠杆菌等。[①]导致食品变质的病毒超过 150 种，这些病毒或来自不规范的食品操作，或来自受污染的水源。[②]食品安全的化学危害主要来自农产品生产以及食品加工过程中滥用化学添加剂。使用农用化学品的主要目的是为了控制生长激素、增强饲料转化率、提高产出以及保障作物或畜产品的质量。[③]然而，随着化学添加剂的过量使用，农作物以及动物产品中大量的药物残留给食用者的身体健康造成危害，成为食品安全的主要风险来源之一。

食品安全的物理危害通常是指误入食品的、非食品本身包含的物质，如石头、金属、玻璃、树枝、头发、昆虫等外来物质，一般情况下，物理危害不会对消费者的身体健康造成直接影响，但是某些情况下，误食外来异物可能会直接危害生命健康。[④]

近年来，由于转基因、辐照技术的兴起与广泛应用，消费者对食品安全风险的担忧已不仅限于传统的加工技术带来的风险，而是更多地关注食品可能存在的潜在危害以及加工技术中涉及的伦理道德问题。从这一点上看，食品安全风险更多地表现为食品的质量风险。

食品质量风险是指影响食品加工质量的潜在负面因素，由此可能

---

① Food Standards Agency, *The FSA Foodborne Disease Strategy*, London: Food Standards Agency, 2011, p.63.

② A. Malik, Z. Erginkaya, S. Ahmad, et al., “Food Processing: Strategies for Quality Assessment”, *Springer New York*, Vol.1, 2014.

③ R. M. Yeung, J. Morris, “Food Safety Risk: Consumer Perception and Purchase Behavior”, *British Food Journal*, Vol.103, No.3, 2001.

④ S. Ahmad, “Food Quality and Safety”, *Food Engineering*, Vol.3, No.4, 2014.

对生产者造成利润损失。由于没能满足消费者的预期需求，与食品安全风险给消费者带来的健康危害相比，食品质量风险更多地是给消费者带来价值损失。食品质量风险主要来自品质风险、环境风险、动物福利风险、生产过程风险、监管风险以及职业健康和卫生风险。[①]

食品品质风险主要源于农艺、工艺上的不足所导致的产品缺陷，例如造成食品在形状、大小、外观、风味、颜色以及营养价值方面没能达到预期的标准。食品的原材料对其品质具有非常重要的影响，如禽畜的品种很大程度上决定了肉制品的口感和味道。

食品环境风险主要是针对集约化的农业生产而言，由于密集生产导致气味、污水、粪便不能及时排放，影响农产品的质量。与此同时，集约化生产对动物生长也带来诸多的负面影响，消费者由此对动物福利的关注逐步提升，同时也开始关注食品生产的环境以及生产过程中涉及的伦理关怀。[②] 随着人们对食品质量的要求不断提高，消费者对食品生产的设备状况、职业健康和职业卫生情况、管理技术等要求也在逐步提高。[③]

学者们在研究食品质量安全问题时，通常将食品的安全属性置于食品的质量属性之中，作为食品的质量属性中极其重要的一个部分进行研究。[④] 但实际上，二者既相互联系，又存在较为明显的区别。从风

① A. Malik, Z. Erginkaya, S. Ahmad, et al., "Food Processing: Strategies for Quality Assessment", *Springer New York*, Vol.1, 2014.

② J. B. E. Steenkamp, "Dynamics in Consumer Behavior with Respect to Agricultural and Food Products", in *Agricultural Marketing and Consumer Behavior in a Changing World, Springer US*, No.1, 1997.

③ C. Kafka, R. Von Alvensleben, "Consumer Perceptions of Food-related Hazards and the Problem of Risk Communication", *4th AIR-CAT Plenary Meet Series: Health, Ecological and Safety Aspects in Food Choice*, Vol.4, No.1, 1998.

④ D. B. Pinto, I. Castro, A. A. Vicente, "The Use of TIC's as a Managing Tool for Traceability in the Food Industry", *Food Research International*, Vol.39, No.7, 2006.

险来源的角度分析，食品安全风险与食品质量风险包含不同的危害来源。因此，将食品质量安全的概念进行细化，根据危害来源的不同将食品质量安全的概念细化到不同属性之中，有利于提高分析食品质量安全问题成因的准确性，同时也有利于提出相对应的治理措施以及对策建议。

第三节 研究目标与研究方法

一、研究的目标

本书研究的总目标是构建从食品安全和食品质量视角分析食品生产者生产行为的研究框架，并以生猪养殖为例，探讨激励相容机制在规范养殖户生产行为方面的有效性，通过实证研究检验养殖户在激励相容约束的条件下选择保证猪肉安全和提高猪肉质量的生产行为的可能性，并分析影响养殖户选择不同生产行为的主要因素，以期为防范食品质量安全风险，提高食品质量安全水平提供对策建议。

为达到研究的目的，将研究的具体目标分为以下四个方面：

第一，界定食品质量安全的概念。本书对生产行为的探讨是基于食品质量安全风险之上进行的，因此首先要明确食品质量安全的含义，厘清食品质量安全与食品安全、食品质量的关系。

第二，探讨影响食品质量安全的生产行为所包含的具体内容。前已述及，不同食品涉及的生产环节千差万别，与之对应的生产者行为也具有各自的特殊性。就生猪养殖环节而言，所涉及的生产行为也十分复杂，究竟哪些行为会对食品质量安全产生影响？不同的生产行为造成的后果如何？是否存在判断不同生产行为重要性的标准？这些都是本书的研究中需要解决的问题。

第三，构建研究食品质量安全问题的委托—代理模型。由于食品具有经验品和信任品的特性，食品供应双方的信息不对称导致拥有更多信息的卖方容易出现偏离规则的生产行为，由此导致食品的质量和安全问题。委托—代理模型是分析信息不对称问题的经典模型，因此，研究的第三个目的是探索适用于分析食品质量安全问题的委托—代理模型。

第四，将理论模型应用于实证分析，通过实际调研，探讨在激励相容机制的约束下，生产者对不同程度的规范生产行为的偏好，分析其影响因素，并计算相应的接受意愿，进而提出规范生产者生产行为的对策建议。

二、研究的方法

首先利用文献研究，厘清了食品质量安全、食品安全以及食品质量之间的关系，并对应食品安全风险与食品质量风险的不同来源对生猪养殖户的生产行为进行了初步的划分。在信息不对称理论的基础上，运用委托—代理模型，分析了生猪养殖户不规范的生产行为的形成机理。在此基础上，结合危害分析的临界控制点，找出影响食品安全与食品质量的关键生产行为，并对此进行属性和层次的设定，随后利用选择实验法，研究生猪养殖户对不同层次的规范生产行为的偏好，再进一步采用多元概率模型，分析影响生猪养殖户不同生产行为的主要因素，并探讨规范养殖户生产行为的有效对策。具体而言，采用的研究方法主要有：

第一，文献研究。根据国内外文献中有关食品质量安全的定义，在前人研究的基础上进行归纳总结。结合近年来食品安全问题出现的新特征与研究的主要目的，将食品质量纳入食品安全的分析框架中，依据现有的研究对食品安全、食品质量进行了区分，厘清食品质量与食品安全的概念，并就风险来源的不同归纳出二者相对应的生产行为，为下一步的研究奠定基础。

第二，理论研究。根据研究的主题，对新制度经济学、信息经济学、行为经济学、实验经济学等相关理论进行了系统整理，并由此归纳总结出研究的基本思路和理论框架。结合研究的主题，着重对信息经济学的相关理论进行了回顾，利用食品供应链的各环节中买卖双方存在产品质量或安全信息不对称的特性，引入委托—代理模型。考虑到食品风险的特殊性以及经验研究的需要，引入修正的委托—代理模型作为激励相容机制设计的理论基础，由此构建本书研究生猪养殖户生产行为的分析框架。

第三，资料分析与问卷调查。本书对近年来的食品安全网络舆情事件进行了挖掘整理；基于文献研究和理论研究，设计对生猪养殖户的生产行为以及主要影响因素的调查问卷，并选择代表性的区域展开实地考察与访谈。基于大数据挖掘工具对2006—2015年间发生的食品安全事件进行整理，并对获取的资料进行分析；基于文献研究与现实基础设置选择实验问卷的属性以及相对应的层次，并由此形成多个版本的调查问卷。食品安全事件的大数据为分析食品安全问题的现状，厘清研究背景提供数据支撑；而调查数据则对分析如何控制养殖户的生产行为，从源头上保障食品质量安全，推进养殖业健康发展有一定的借鉴意义。二者作为研究的数据来源，为研究提供了实证基础。

第四，计量分析。在定性分析的基础上进行定量分析。引入选择实验法，采用Nlogit软件研究生猪养殖户对不同安全程度和质量程度的生产行为的偏好。运用随机参数模型（Radom Parameters Logit Model，RPL）分别对主效应、属性交互效应、个体特征交互效应进行回归分析，利用潜在类别模型（Latent Class Logit Model，LCM）分析了养殖户偏好的异质性。在此基础上，运用多元概率（Multivariate Probit，MVP）模型进一步分析影响生猪养殖户生产行为的主要因素，力求寻找有效控制养殖户生产行为的对策。

第四节　研究内容与研究框架

一、研究的视角

目前国内外对食品生产者生产行为的研究不在少数，然而，总结现有研究发现，当前的研究多数将食品安全视为一个抽象的概念，从单个行为的角度进行分析，在研究时，较少将食品质量安全的概念细化到属性的层面，将食品质量安全所包含的不同属性纳入整体框架中进行分析。面对食品质量安全、食品安全、食品质量等相互联系又有细微区别的概念时，学者们的研究也并未进行严格地区分。因此，本书在现有文献的基础上，依据食品安全问题呈现出的新特征，尝试将食品质量安全、食品安全、食品质量等概念进行界定，并基于研究的主要目的，将各概念对应的生产行为依据研究的对象进行细化区分。并就风险来源的不同将二者对应的关键生产行为纳入分析框架之中，分别进行分析。在研究时，将食品安全与食品质量问题纳入研究食品质量安全问题的整体框架中，既研究如何保证最基本的食品安全问题，同时又进一步探讨如何提高食品质量的问题。由于厘清了食品质量安全的概念，从而能够更准确地、更全面地对食品质量安全问题进行更深层次地分析。

由于信息不对称是造成食品质量安全问题的主要原因，因此在分析食品生产者的生产行为时，学术界通常将其置于委托—代理的框架下进行分析，国外已有文献将委托—代理模型应用于研究食品安全问题，探讨利用激励相容机制约束食品生产者的不规范生产行为，但鲜少有研究通过实证检验激励相容机制的约束效果。而目前国内外对于生产行为的研究，也较少从实证的角度关注激励相容机制对生产者行为的影响。本书在委托—代理模型的分析基础上，引入抽检的准确率和追溯的准确率，构建基于食品质量安全视角分析食品生产者生产行为的理论框架，并据此计算了促使养殖户进行规范生产的激励价格。在此基础上，引入选择实验法，实证分析了在激励价格约束下养殖户对不同质量安全程度的生产行为的偏好。选择实验可得结果具有多样性，不仅可以考察养殖户对各个生产行为的相对重要性的排序，还能够探讨不同的生产行为以及相对应的影响质量安全的不同程度的生产行为发生变化时导致的价值变化。通过分组回归，还可以分析生猪养殖户偏好的异质性。

本书对生猪养殖户生产行为的实证研究，是在激励相容机制基础上进行的，在给定的激励价格之下，研究养殖户对规范的生产行为的偏好，试图检验激励机制的约束效果，一方面为政府介入干预，弥补市场激励的不足提供实证依据；另一方面也为政府实施有针对性的监管提供政策建议。

二、研究的框架

本书的研究如图 0.3 所示，按照整体框架与技术路线来层层展开。

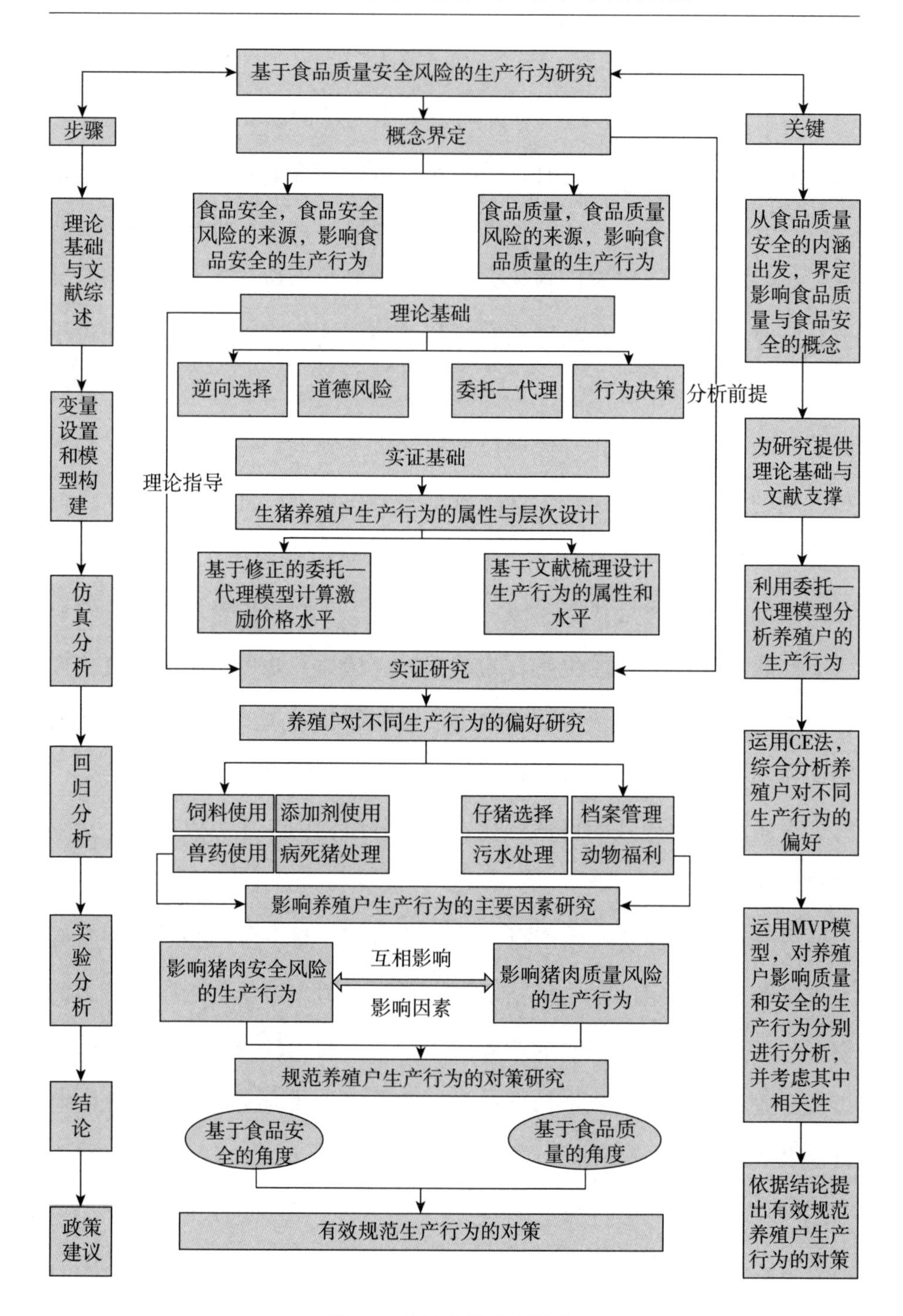

图 0.3　研究的技术路线图

概念界定是本书分析的前提，通过文献回顾确定研究对象的内涵。理论基础主要服务于本书构建委托—代理模型的分析框架，为研究养殖户生产行为的机理提供理论指导。实证分析则是在文献梳理与理论研究的基础之上展开的，根据文献研究确定养殖户生产行为的属性，设计各属性所包含的水平；根据激励相容机制确定价格水平，考察养殖户在激励价格下对提高猪肉安全与质量的生产行为的偏好。在对养殖户对不同生产行为的偏好进行分析之后，进一步考察影响养殖户对不同生产行为存在不同偏好的原因。最后，依据分析结论从食品安全的角度、食品质量的角度以及两者结合的角度提出对策建议。

第一章　研究背景与食品安全问题现状

本书主要基于食品质量安全风险对生产行为展开研究。然而，食品的种类繁多，根据国家食品药品监督管理总局2016年1月22日公布的《食品生产许可分类目录》(2016年第23号)，除去其他食品、食品添加剂，我国现有30大类的食品品种，如果进一步细分到具体食品类别则更为复杂。由于不同食品具有不同的生产、加工或制造环节，而且不同的食品对流通、储存的技术条件与消费环境有着不同的要求，因此，基于食品全程供应链体系来分析，不同的食品所涉及的生产、加工、制造、流通与消费等环节具有很大的差异性。与此相对应的，其生产经营者的生产行为也具有各自的特殊性。鉴于此，有必要选取某一特定的食品类别进行有针对性的分析。中国是世界上最大的猪肉生产国和消费国，而猪肉一直以来都是我国居民最主要的肉类消费来源，然而遗憾的是，肉类及肉制品却是全部食品类别中最具风险的一类食品，其中，猪肉安全事件又在所有肉类及肉制品的质量安全事件中占据了65%的比例。考虑到猪肉在所有食品类别中所占的重要地位，选取猪肉作为本书的主要研究对象十分必要。

本章首先利用数据挖掘工具，分析近年来发生的食品安全事件的主要特点，从食品安全事件的类别分析中发现，猪肉是最易发生食品质量安全问题的一类食品，随后利用统计年鉴的数据对猪肉的生产现状以及其在居民肉类消费中的重要地位进行背景交代，再次针对猪肉安全事件，就事件发生的特点、地区分布、发展趋势进行详细分析，为后续研究提供基础。

第一节 食品安全事件分析

一、数据来源与数据处理方法

通过数据挖掘工具获取近十年来网络舆情报道的食品安全事件，对近年来发生的食品安全事件进行整理分析。主要方法是，通过食品安全事件监测平台 Data Base V 1.0，挖掘 2006 年 1 月 1 日至 2015 年 12 月 31 日时间段内发生在全国的食品安全事件数据。该监测工具是目前国内食品安全治理研究中使用的较为先进的食品安全事件数据挖掘平台。平台的 Data Base V 1.0 版本的系统框架如图 1.1 所示。该系统包含模型、视图和控制器（Model View Controller，MVC）三层结构，包括原始数据搜集、数据清理、规则制定、标签管理和地区管理模块以及数据导出等功能模块。针对食品安全事件数据量大、结构复杂等特点，为提高系统的运行效率，在系统运行中，采用异步的模式，同时把后台拆解成短小的任务集，采用任务模式，进行多线程处理。针对食品安全事件更新快的特点，系统会定期更新数据，并将网络上获取的非结构化数据进行结构化处理，按照设定的标准进行清洗、分类识别，可根据研究的需求，实现对食品安全事件的实时统计，并根据需求进行数据导出、数据分析、可视化展现等。

为研究 2006—2015 年间全国发生的食品安全事件特点，本书使用了数据挖掘工具对我国 74 个主流媒体中专门发布食品安全事件的专题栏目进行事件抓取并生成可分析的结构化数据，进而采用内容分析法分析了食品安全事件的特征。主要的步骤是：（1）构建食品安全事件编码系统，本书关注于五个关键特点，即发生时间、发生地点、主要食品类别、供应链环节和风险因子；（2）抓取专题栏目中所有报道事件，因为本书选择了专门发布食品安全事件的网站专题栏目，虽然是全部抓取，但得到的数据基本上是食品安全事件数据；（3）根据内容相似度去重，在标题和文本中设置不同的权重进行文字比对，对于重复率较高的报道进行去重处理；（4）提取食品安全事件编码所对应的特征词，按照特征词所属的编码类别进行分类，产生结构化数据；（5）对分类后的食品安全事件进行分析。本书重点分析了食品安全事件中有关肉制品安全这一类别的信息。

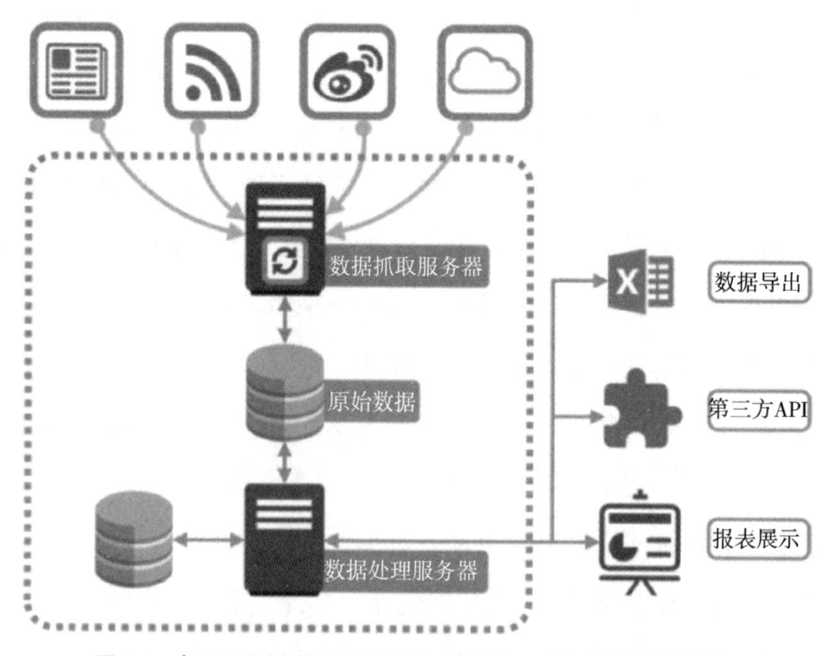

图 1.1 食品安全事件数据监测平台 Data Base V1.0 版本系统框架

二、全国发生的食品安全事件

由图 1.2 可以看出，2006—2015 年十年间，我国共发生食品安全事件 253617 起。其中，2011 年和 2012 年是近十年来食品安全事件数量最多的两年，分别发生了 38513 起和 38065 起食品安全事件。总体来看，食品安全问题在 2006—2012 年呈逐步上升的趋势；在 2013 年有所缓解，发生食品安全事件 18189 起，略低于 2008 年。2014 年之后，食品安全事件数量呈缓步上升的趋势，从 25005 起上升到 2015 年的 26231 起。

从食品安全事件的分类来看，在所有的食品安全事件类别中，与肉类以及肉制品有关的食品安全事件占全部食品安全事件近十分之一的比例。2006—2015 年十年间共发生 22436 起与肉类以及肉制品有关的食品安全事件。其发展趋势与食品安全事件的总体趋势一致：2006—2009 年间，与肉类以及肉制品有关的食品安全事件逐年上升；在 2010 年有所缓

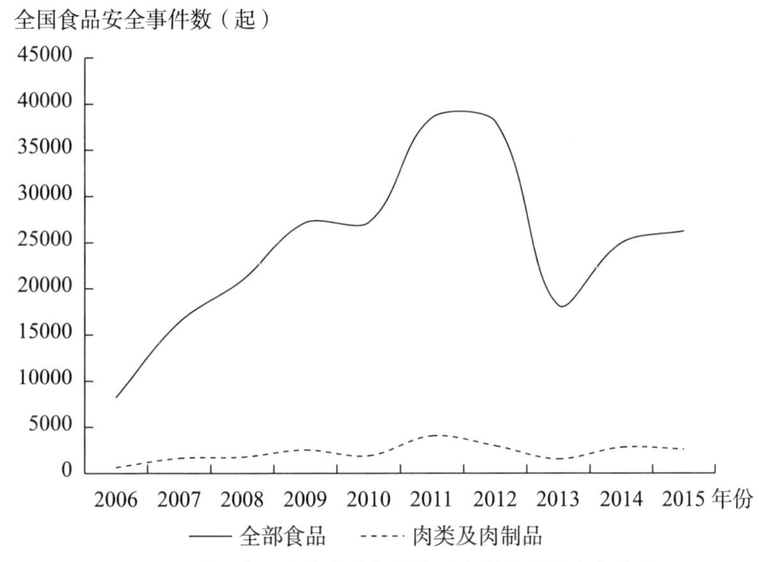

图 1.2　全国食品安全事件与肉类及肉制品质量安全事件

资料来源：根据食品安全数据监测平台 Data Base V1.0 挖掘的 2006—2015 年全国食品安全事件数据整理。

解；在2011年达到最高峰，发生4046起与肉类以及肉制品有关的食品安全事件；在2013年又有所下降；在2014年与2015年又缓慢上升。

三、全国各省（自治区、直辖市）发生的食品安全事件

图1.3显示了2006—2015年十年间各省（自治区、直辖市）发生的食品安全事件分布情况。从图中可以看出，北京、广东和上海是发生食品安全事件最多的三个地区，十年来发生食品安全事件分别为30002起、22024起和18707起。除此之外，山东、浙江、江苏各省十年间发生的食品安全事件数量也超过了10000起。以上六个省（直辖市）发生的食品安全事件总数达到110439起，占全国食品安全事件总数的近45%。由此可见，食品安全事件的地区分布非常不平衡。由于食品安全事件与人类的生活密切相关，受人口分布的影响和当地信息媒体的发达程度以及

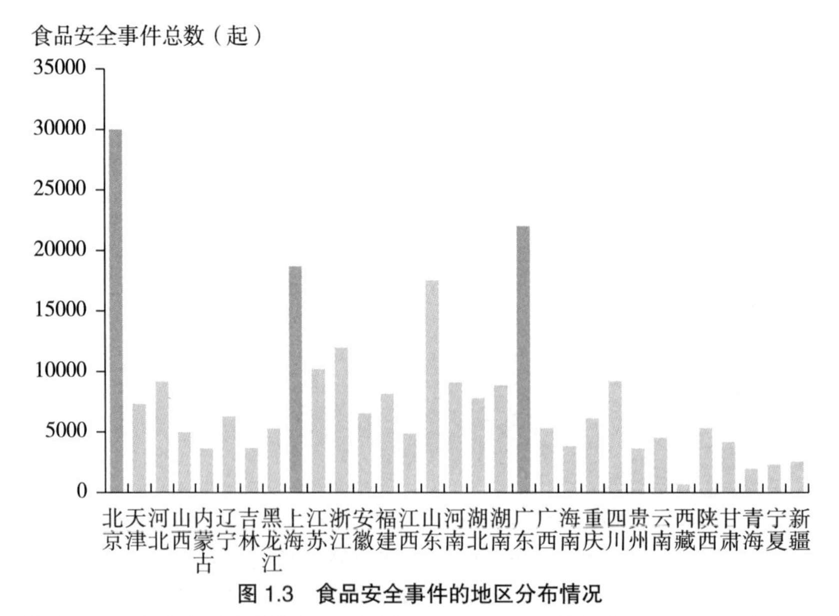

图1.3 食品安全事件的地区分布情况

资料来源：根据食品安全数据监测平台Data Base V1.0挖掘的2006—2015年全国食品安全事件数据整理。

食品安全事件曝光程度的影响，各地区之间的分布存在很大的差异性。

图 1.4 分别反映了我国的华北、华东、华南、华中、东北、西南以及西北地区在 2006—2015 年十年间发生的食品安全事件的具体分布及走势。总体来看，各地区食品安全事件的发展趋势与全国发展趋势基本保持一致，均在 2011 年达到最高峰，然后呈逐渐下降、上升又回落的趋势，个别地区略有不同。西北地区发生的食品安全事件较少，西南地区、东北地区稍多，华中地区居中，华东、华南以及华北地区则是食品安全事件多发的地区。

华北地区五个省（自治区、直辖市）的食品安全事件发展趋势基本保持一致，从食品安全事件发生的数量来看，北京是华北地区发生食品安全事件最多的地区，在全国也居于首位，约为内蒙古的十倍，是华北地区食品安全事件第二大省——河北省的两倍有余，其余的山西、

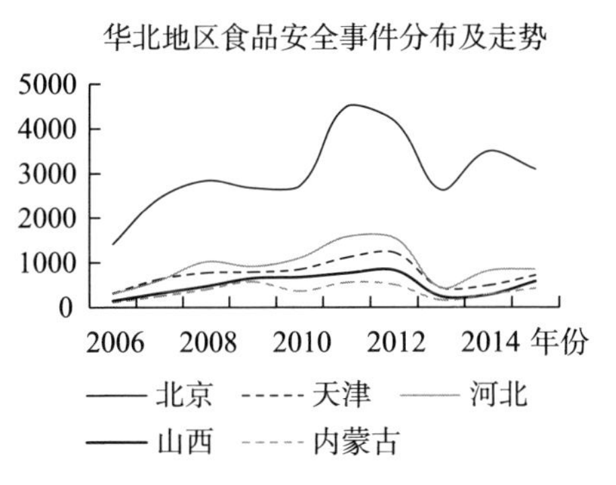

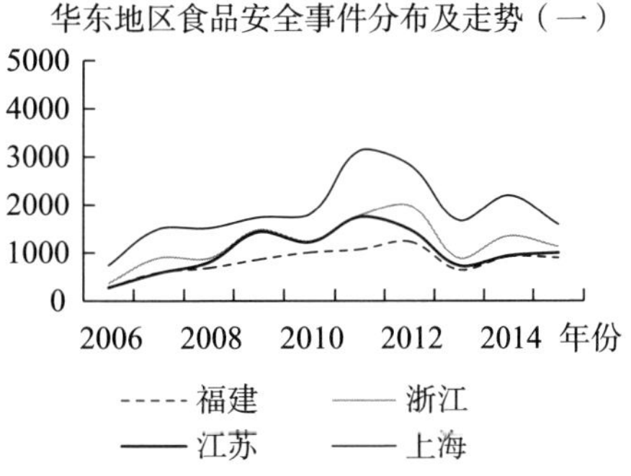

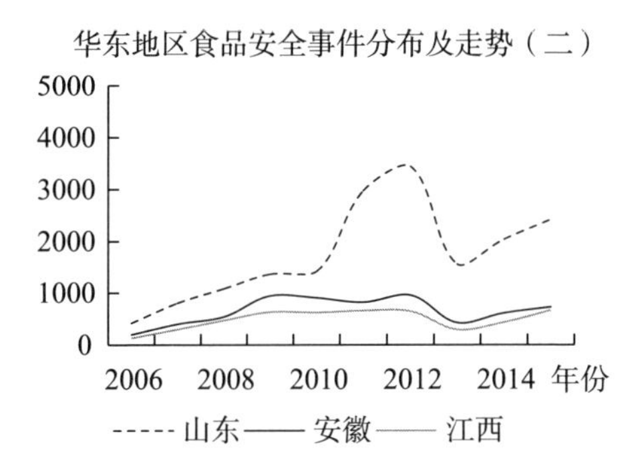

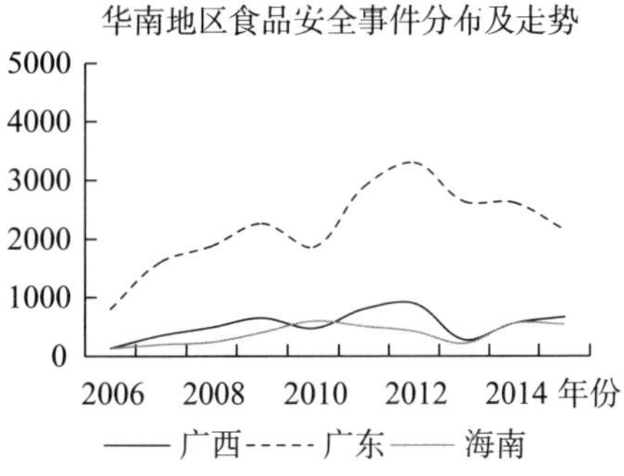

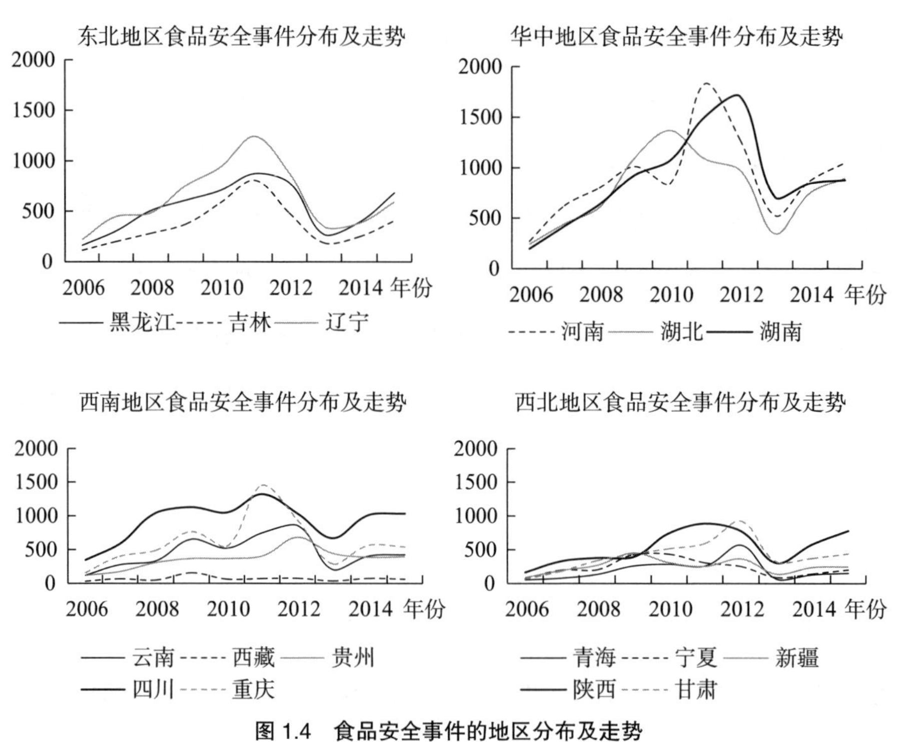

图 1.4　食品安全事件的地区分布及走势

资料来源：根据食品安全数据监测平台 Data Base V1.0 挖掘的 2006—2015 年全国食品安全事件数据整理。

天津两省（直辖市）的食品安全事件发生数在 1000 起上下浮动。在华东地区，山东与上海发生的食品安全事件数量较为接近，但山东发生的食品安全事件在各年份间波动较大，浙江与上海发生的食品安全事件趋势较为接近，福建、安徽、江西三省发生的食品安全事件在各年份中波动较为平缓。在华南地区的三省（自治区）中，发生食品安全事件最多的省份是广东省，广西与海南发生的食品安全事件数量较少，且各年份间的事件数量差异也不大。对于东北三省而言，食品安全事件发生的数量以及发展趋势较为一致。华中地区的河南、湖南、湖北三省发生的食品安全事件数相较东北地区更多，其发展趋势也略为不同，湖北在 2010 年提前达到食品安全事件数量的高峰，而河南发生的食品安全事件数量则在2010年有一个较大幅度的回落。西南地区各省（自治区、直辖市）发生食品安全事件的数量普遍较少，其中四川与重庆是发生食品安全事件较多的省（直辖市），西藏则最少，在全国范围内它也是发生食品安全事件最少的地区。西北地区的五省（自治区）中，食品安全事件发生数与发生的趋势较为一致，基本不超过1000起，属于全国食品安全事件发生数量最少的地区。

四、不同类别的食品安全事件

从不同的食品类别来看，图1.5显示，肉与肉制品是发生食品安全

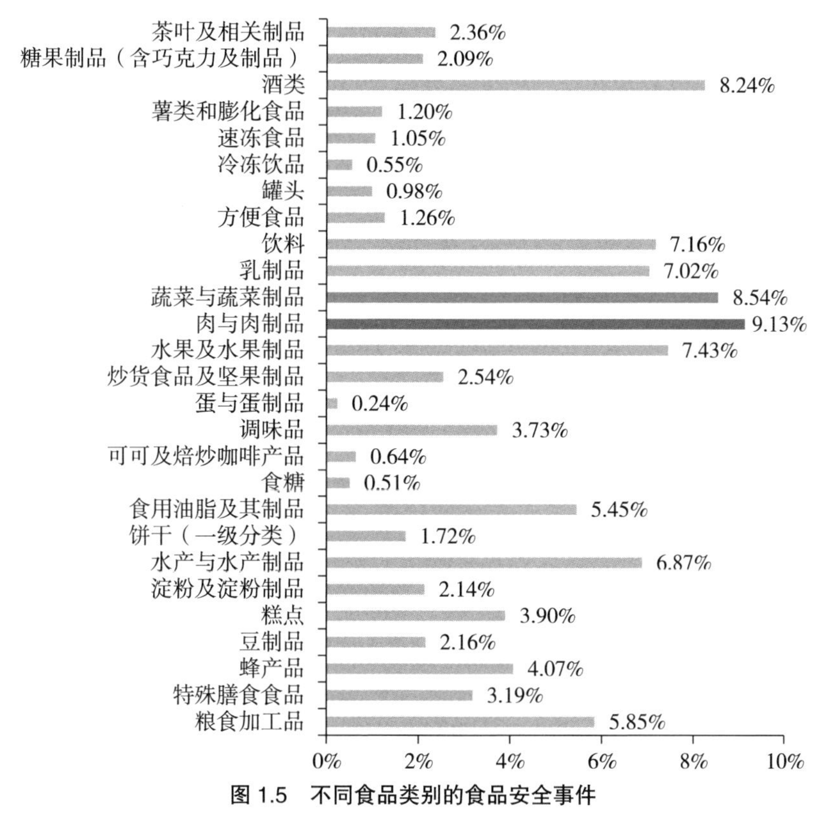

图1.5 不同食品类别的食品安全事件

资料来源：根据食品安全数据监测平台Data Base V1.0挖掘的2006—2015年全国食品安全事件数据整理。

事件最多的一类食品，占全部食品安全事件的 9.13%；其次是蔬菜与蔬菜制品，占全部食品安全事件的 8.54%，酒类次之，占 8.24%。此外水果及水果制品、饮料以及乳制品等也是食品安全事件中较为常见的食品类别，分别占全部食品安全事件的 7.43%、7.16% 和 7.02%。以上 6 类食品发生的食品安全事件数量在 27 类食品安全事件中所占的比例接近一半。最安全的食品种类是蛋与蛋制品，该类食品发生的食品安全事件仅占全部食品安全事件的 0.24%。

五、食品安全事件的成因

如图 1.6 所示，对近年来发生的食品安全事件的成因进行分析发现，在生产经营过程中的人为因素是造成食品安全事件的主要原因，包括违规使用添加剂、造假或欺诈、使用过期原料或出售过期产品、无证

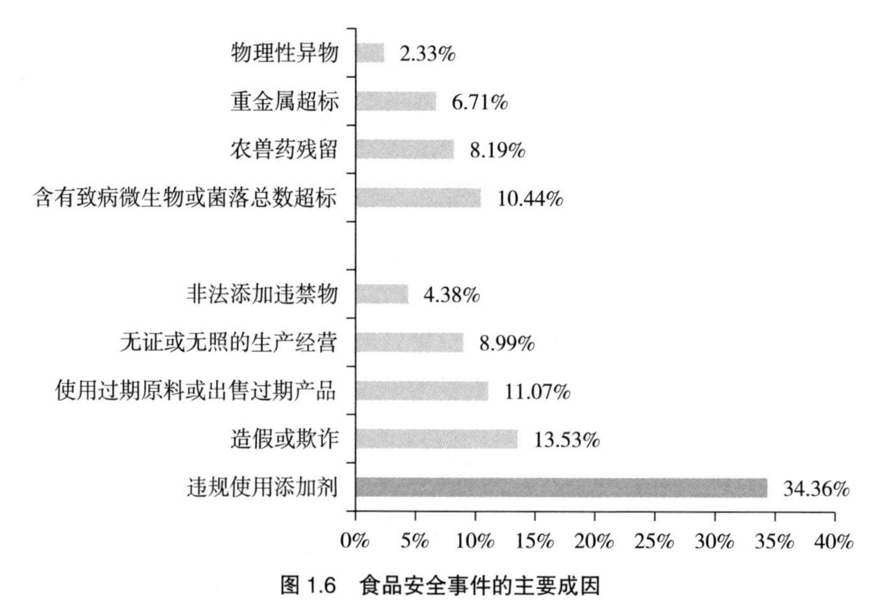

图 1.6　食品安全事件的主要成因

资料来源：根据食品安全数据监测平台 Data Base V1.0 挖掘的 2006—2015 年全国食品安全事件数据整理。

或无照生产经营以及非法添加违禁物等，共占全部食品安全事件成因的 72.33%，其中违规使用添加剂是造成食品安全问题的最大原因，占 34.36%；其次是造假或欺诈，占 13.53%。在造成食品安全问题的环境因素中，大致可分为物理风险、化学风险以及生物风险三类，具体包括物理性异物等物理风险，重金属超标、农兽药残留等化学风险，致病微生物或菌落总数超标等生物风险，其中化学性风险与生物性风险是造成食品安全问题的主要风险来源。

第二节 猪肉的生产和消费状况

一、猪肉的生产情况

2017 年全国猪、牛、羊以及禽肉的产量为 8431 万吨，其中，猪肉的产量为 5340 万吨，占比 63.34%。图 1.7 显示了 2006—2017 年间我国生猪的出栏头数和猪肉的产量。可以看出，2006—2007 年，生猪的出栏头数和猪肉产量经历了较为明显的下降。自 2007 年起，生猪的出栏量和猪肉的产量开始逐年稳步上升，在 2011 年经历短暂的下降波动之后又继续上升，直到 2014 年分别达到 73510 万头和 5671 万吨的高点。2014 年养殖业环保治理开始兴起，2015 年国务院印发了《水污染防治行动计划》，2016 年国务院印发了《“十二五”生态环境保护规划》，开始大力推进畜禽养殖污染防治，实施专项治理，限期关闭禁养区内的养殖场。受此影响，生猪的出栏量和猪肉产量在 2015 年开始下降，到 2016 年，生猪的出栏量和产量分别下降到 68502 万头和 5299 万吨。2017 年，生猪的出栏量和猪肉产量均有所回升，猪肉产量比上年增长 0.8%。

我国是世界上最大的猪肉消费国，除主要依靠自己生产外，还有

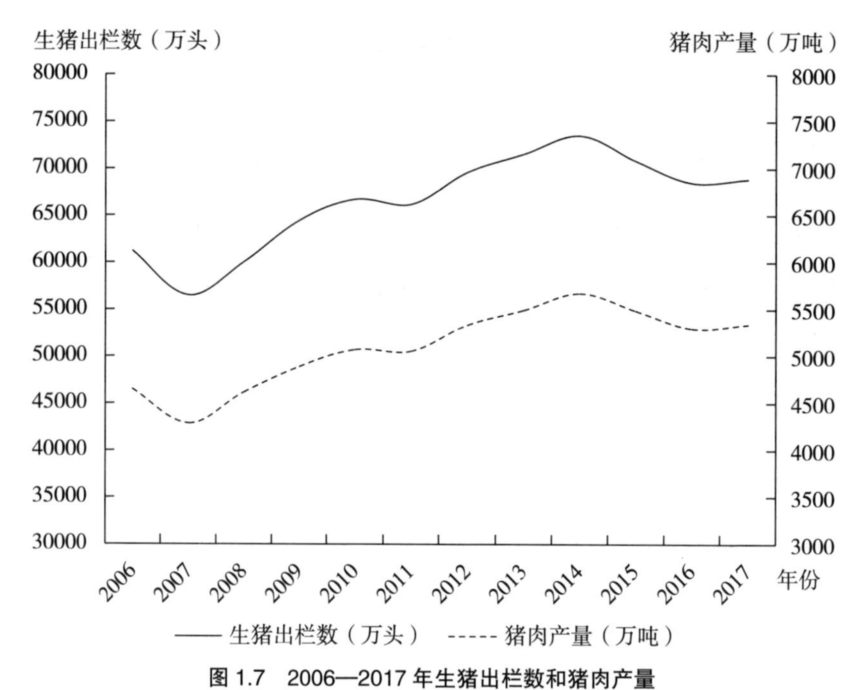

图 1.7 2006—2017 年生猪出栏数和猪肉产量

资料来源：根据《中国统计年鉴》和《中国畜牧业年鉴》历年统计数据整理。

部分需要通过进口。图 1.8 显示了我国猪肉的进出口情况，可以看出，我国猪肉的进口量远远大于出口量，2011—2017 年平均进口量约为出口量的 12 倍。自 2014 年开始，受国内猪肉减产的影响，猪肉的进口量大幅提升，而出口量缓步下降。从 2016 年 3 月起，我国猪肉进口量的增长速度有所加快，单月进口量最高的月份达 19.42 万吨，接近 2015 年全年进口量的 25.00%，几乎达到 2010 年全年的进口量。2016 年猪肉全年的进口量达到 162.03 万吨，是近年来的最高点。2017 年，由于国内猪肉产量开始回升，进口猪肉与 2016 年相比也大幅度下降，进口猪肉为 121.68 万吨，降低了 24.90%。虽然进口量大幅度降低，但与 2011—2015 年相比，仍然保持在高位。与此同时，我国出口猪肉 5.13 万吨，与 2016 年相比上涨了 5.78%，但相较 2011—2015 年仍保持在低位。

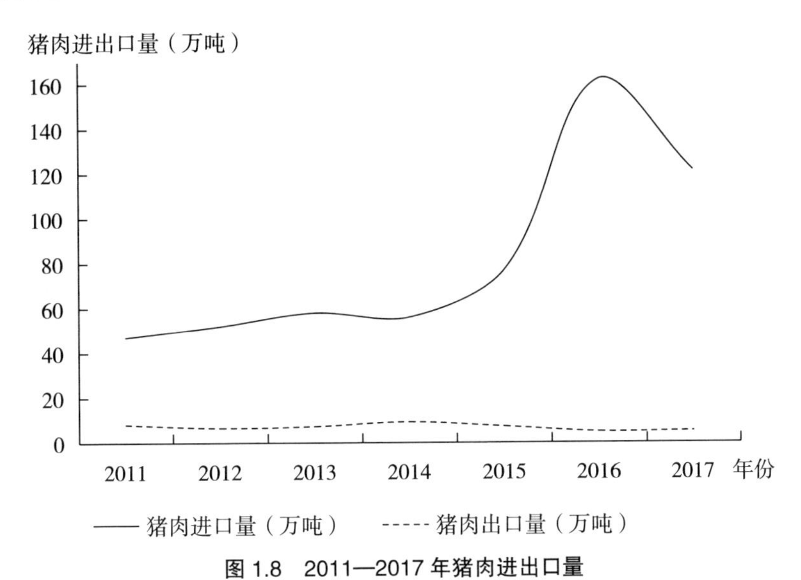

图 1.8　2011—2017 年猪肉进出口量

资料来源：根据《中国统计年鉴》以及海关信息网历年统计数据整理。

二、猪肉的消费情况

猪肉一直以来都是我国居民最主要的肉类消费来源，从近年来猪肉的生产情况可知，无论猪肉的产量增加或减少，总体的猪肉需求量并不会因此发生显著的变化。2017 年，我国猪肉产量和进口量一共为 5461.68 万吨，与 2016 年基本持平。2017 年我国居民猪肉人均消费量占全部肉类消费量的 64.78%，图 1.9 反映了 2017 年我国居民猪、牛、羊以及禽肉类的消费占比情况，在四种主要肉类的消费中，猪肉的占比达到 66.10%，远远超过羊肉和牛肉的消费量，是禽肉消费量的 3.43 倍。

图 1.10 和图 1.11 分别反映了近年来城镇居民和农村居民人均肉类的消费情况。近年来我国城镇居民的人均肉类消费大致可以分为三个阶段，2006—2008 年缓步下降至每人每年 30 千克，2009—2012 年基本保持在每人每年 35 千克，2013—2016 年又逐步上升至 35 千克的水平；相比之下，城镇居民的人均猪肉消费量则相对稳定，除在 2007 年下降至

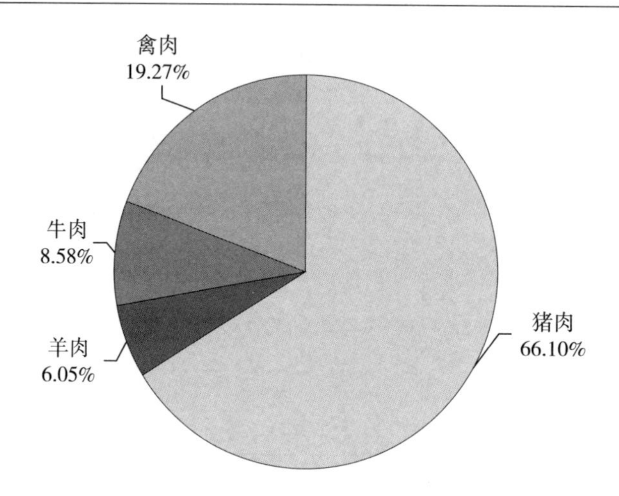

图 1.9 2017 年我国居民猪、牛、羊以及禽肉类的消费占比情况

资料来源：根据国家统计局网站数据整理。

18.21 千克之外，基本维持在每人每年 20 千克。

与城镇居民相比，农村居民无论是人均肉类消费量还是人均猪肉消费量都显著低于城镇居民。在 2012 年以前，农村居民的全部肉类消费量大致等于城镇居民的猪肉消费量，为每人每年 20 千克左右。自 2012 年开始，农村居民的肉类消费量有了较大幅度的提升，2016 年农村居民人均肉类消费量达到 28.60 千克。从 2012 年开始，农村居民猪肉的消费量也显著增加，从每人每年 15 千克左右增加至每人每年 20 千克左右。总体而言，城镇居民的肉类消费具有较高的多样性，除猪肉之外，牛肉、羊肉和禽肉也是城镇居民的主要肉类消费来源，尽管如此，猪肉的消费仍然稳定在城镇居民肉类消费的 50% 以上。而对农村居民而言，猪肉则是其最主要的肉类消费来源，占比达到 70% 以上，牛、羊、禽肉的消费仅占很小的比例。

由此可见，作为我国居民最主要的肉类消费来源，确保猪肉安全对于整个食品安全具有非常重要的作用，选取猪肉作为研究对象，具

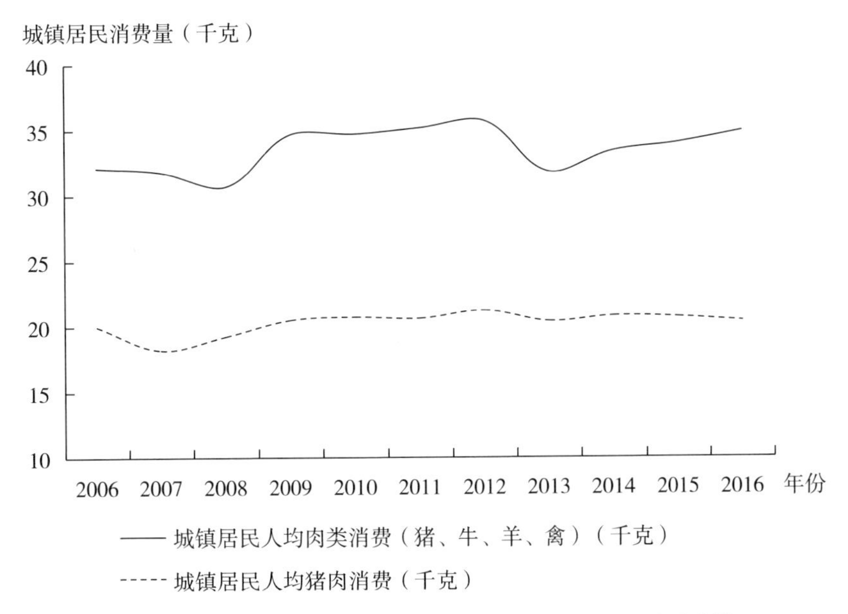

图 1.10　2006—2016 年城镇居民人均猪肉消费与人均肉类消费情况

资料来源：根据《中国统计年鉴》历年统计数据整理。

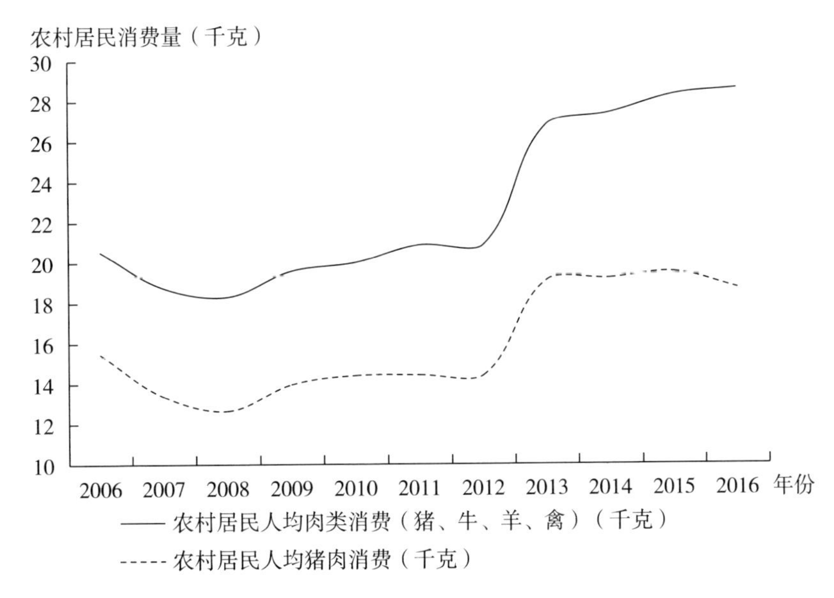

图 1.11　2006—2016 年农村居民人均猪肉消费与人均肉类消费情况

资料来源：根据《中国统计年鉴》历年统计数据整理。

有十分重要的现实意义。接下来，本书就猪肉的质量安全事件及特点进行具体分析，数据来源与本章第一节相同，均来自数据挖掘工具抓取的全国 74 个主流媒体在 2006—2015 年十年间发布的关于肉类、肉制品以及猪肉安全事件的网络舆情报道。

第三节 猪肉安全事件分析

图 1.12 显示了 2006—2015 年我国发生的肉类及肉制品和猪肉安全事件。由图可知，猪肉质量安全事件的发展趋势与肉类及肉制品质量安全事件的发展趋势基本一致。十年间我国发生的肉类及肉制品质量安全事件共 22436 起，占此时段内所发生的全部食品安全事件总量（245863 起）的 9.13%，成为最具风险的一大类食品。其中，猪肉质量

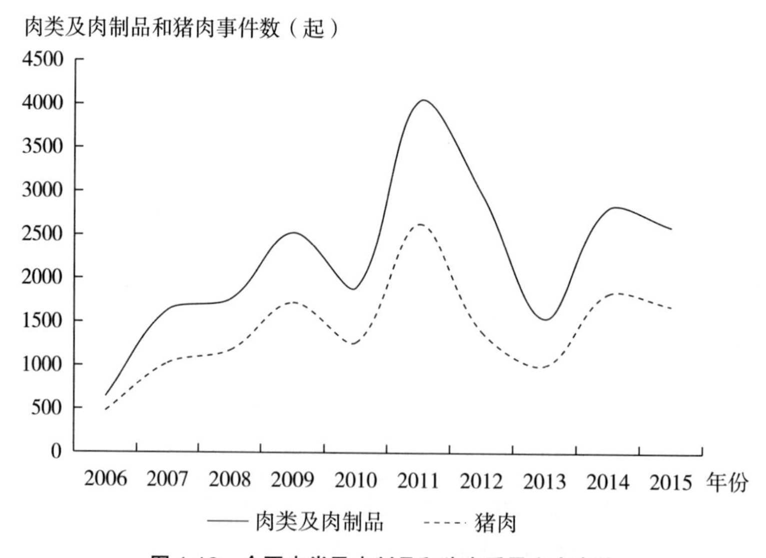

图 1.12 全国肉类及肉制品和猪肉质量安全事件

资料来源：根据食品安全数据监测平台 Data Base V1.0 挖掘的 2006—2015 年全国食品安全事件数据整理。

安全事件占肉类及肉制品质量安全事件的绝大比重，约为 65%，共发生 14583 起，平均每天发生约 4.0 起，且发生量自 2006 年以来逐年上升，并在 2011 年达到 2630 起的峰值。以此为拐点，2012 年发生量明显下降，2013 年则下降至最低点，为 1005 起；其后在 2014 年出现反弹，发生的数量为 1831 起，高于 2012 年的 1396 起；最后在 2015 年又缓慢下降，发生的数量为 1690 起。

一、全国各省（自治区、直辖市）发生的肉类及肉制品安全事件

从 2006—2015 年我国肉类及肉制品质量安全事件的各省（自治区、直辖市）分布（见图 1.13）可以看出，北京是发生肉类及肉制品质量安全事件最多的地区，十年来共发生肉类及肉制品质量安全事件 2626 起。

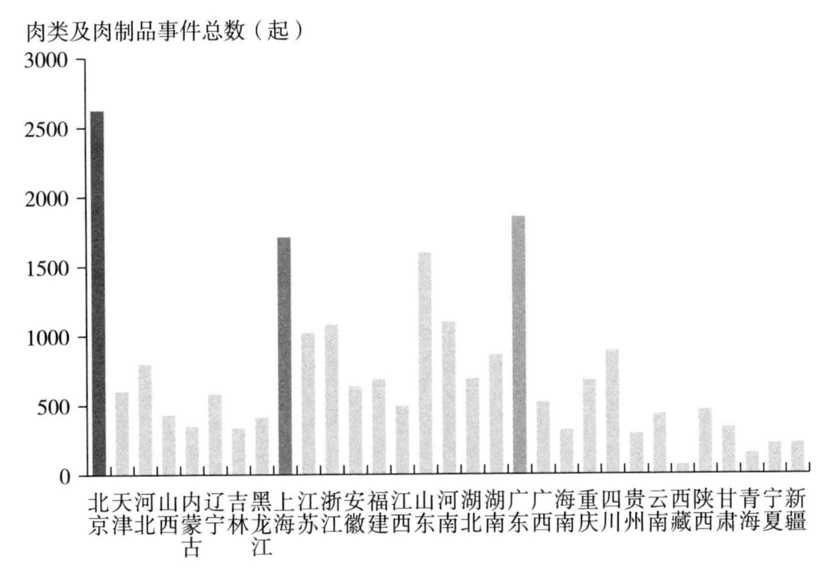

图 1.13 肉类及肉制品质量安全事件的地区分布情况

资料来源：根据食品安全数据监测平台 Data Base V1.0 挖掘的 2006—2015 年全国食品安全事件数据整理。

其次是广东与上海，分别发生1853起与1711起。山东发生的肉类及肉制品质量安全事件的数量接近上海发生的数量，为1599起。除此之外，河南、浙江、江苏这三个省也是肉类及肉制品质量安全事件多发的省份，各省十年来发生的质量安全事件数量均超过1000起。以上七个省（直辖市）发生的质量安全事件总数达到10984起，占全国肉类及肉制品质量安全事件的近一半。在西部地区，四川是肉类及肉制品质量安全事件发生数量较多的地区，而西藏是全国肉类及肉制品质量安全事件发生数量最少的地区，十年来报道的肉类及肉制品质量安全事件仅为68起。此外，青海、宁夏、新疆等自治区也是发生肉类及肉制品质量安全事件较少的地区。

从2006—2015年十年间各省（自治区、直辖市）发生的肉类及肉制品质量安全事件分布来看（见图1.14），华北地区、华东地区、华南地区以及华中地区发生的肉类及肉制品质量安全事件明显多于东北和西部地区。在华北地区的五个省（自治区、直辖市）中，北京依然是发生肉类及肉制品质量安全事件最多的城市，其发展趋势与全国基本保持一致；河北次之；天津、山西、内蒙古等省（自治区、直辖市）在这十年间发生的肉类及肉制品质量安全事件数量比较接近，其走势也较为平缓。在华东地区，山东和上海发生的肉类及肉制品质量安全事件最多；其次是江苏和浙江两省，这四个省（直辖市）的发展趋势与全国大体保持一致：在2011年、2014年大幅度增加，而在2010年和2013年大幅度下降。华东地区的其他省份如福建、安徽、江西三省发生的肉类及肉制品质量安全事件数量波动较为平缓。广东是华南地区发生肉类及肉制品质量安全事件数量最多的省份，其走势在各年间波动较大，在2008年、2010年和2013年下降，但在2011年和2014

年达到峰值。对于华中地区的三省而言，河南是发生肉类及肉制品质量安全事件最多的省份，其数量也在各年间存在较大波动，其余两省的事件数量以及波动情况较为接近。东北地区肉类及肉制品质量安全事件的波动趋势与全国略有不同，其数量在2014年略有下降，在2015年反而呈上升的趋势。四川和重庆是西部地区发生肉类及肉制品质量安

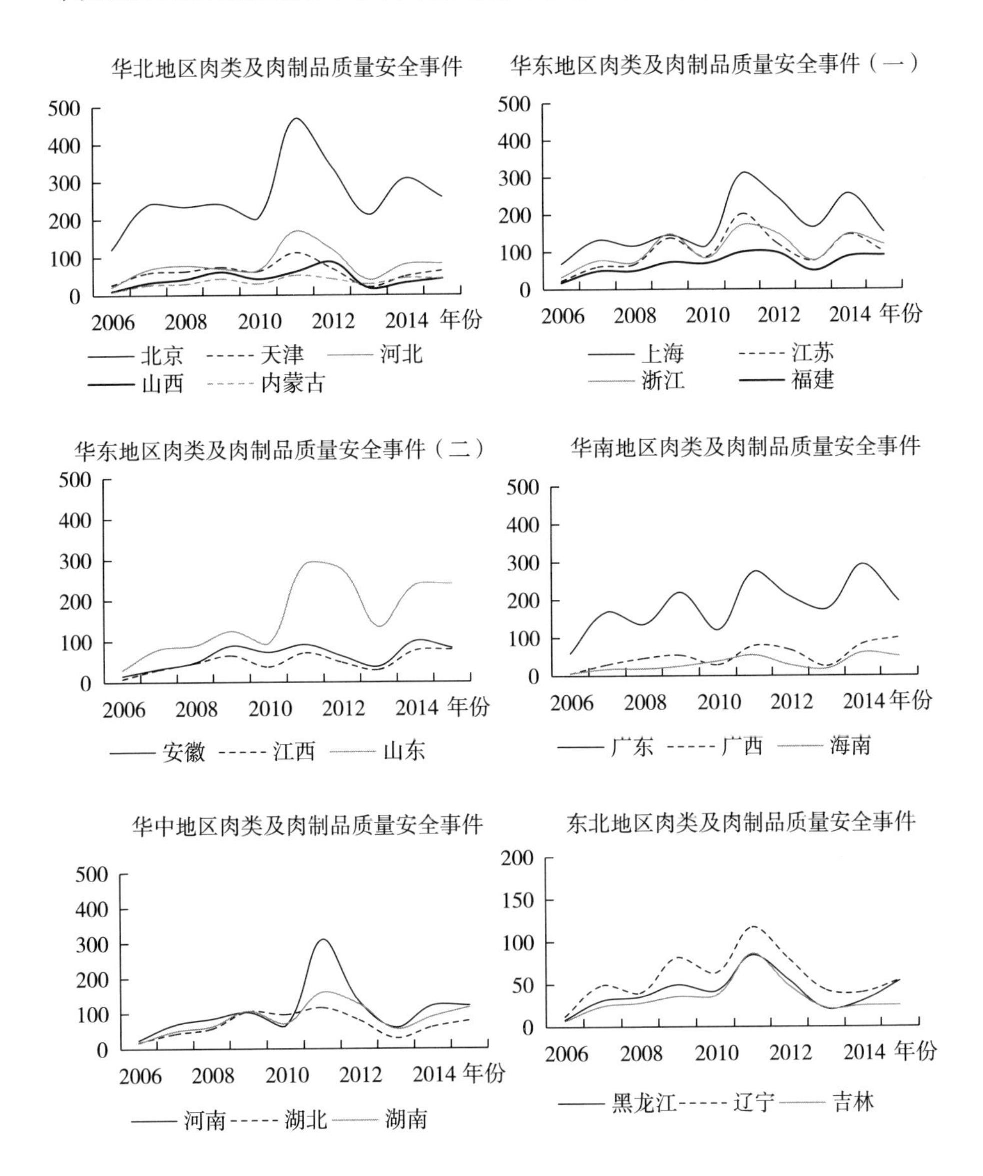

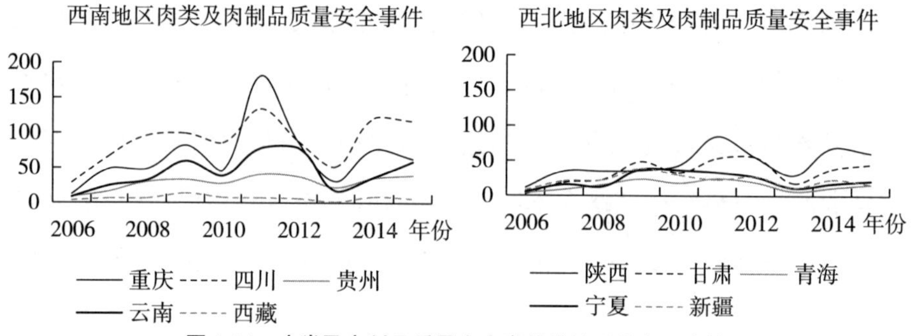

图 1.14　肉类及肉制品质量安全事件的地区分布及走势

资料来源：根据食品安全数据监测平台 Data Base V1.0 挖掘的 2006—2015 年全国食品安全事件数据整理。

全事件最多的省（直辖市），西藏则最少，其发生的数量在各年间不存在较大的波动，在全国范围内，也是发生此类质量安全事件最少的地区。

二、各环节猪肉安全事件的成因

猪肉供应链主要环节的质量安全风险如图 1.15 所示，在猪肉供应链中，存在质量安全风险的环节主要包括生猪养殖环节、屠宰加

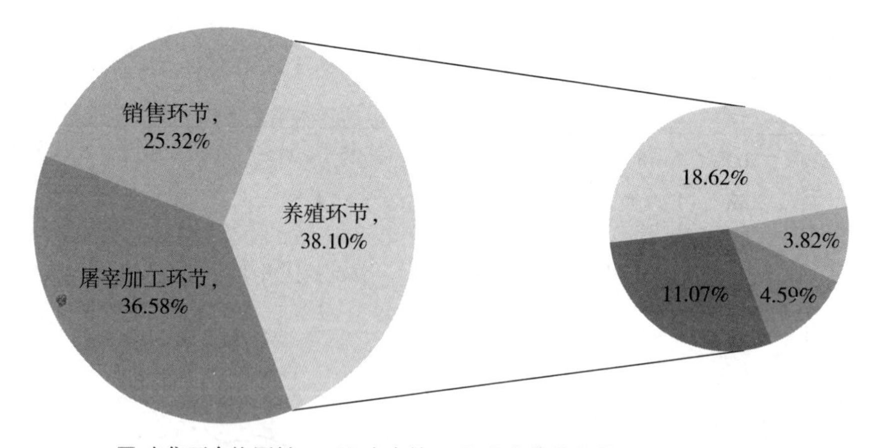

图 1.15　猪肉供应链主要环节的质量安全风险

资料来源：根据食品安全数据监测平台 Data Base V1.0 挖掘的 2006—2015 年全国食品安全事件数据整理。

工环节以及销售环节，各环节发生质量安全事件的数量分别占总量的38.10%、36.58%和25.32%。其中养殖环节是最易出现猪肉质量安全问题的环节，在养殖环节中非法使用瘦肉精、出售不合格原料、疫病或未检疫以及人药代替兽药是导致猪肉质量安全问题的主要原因，分别占总量的18.62%、11.07%、4.59%以及3.82%。

表1.1显示了猪肉供应链中各个环节引起猪肉质量安全事件的成因。在生猪养殖环节，添加或使用违禁物、出售病猪或死猪、检疫不合格或未检疫以及人药兽用是造成猪肉质量安全事件的主要原因。无证无照生产、非法加工、微生物污染以及食品添加剂滥用或添加违禁物、原料不合格等则是屠宰加工环节引发猪肉质量安全问题的主要成因。销售环节涉及的猪肉质量安全问题主要是销售过期猪肉或造假欺诈。在各环节引起猪肉质量安全事件的所有成因中，非法使用瘦肉精，假冒伪劣、以次充好，出售过期猪肉，以及病死猪肉流入市场是最为突出的四类问题，事件发生量分别为4179起、2917起、2764起、2484起，分别占全部事件总量的18.62%、13.00%、12.32%、11.07%，这四类问题的累计发生量为12362起，占总量的55.10%。

表1.1 猪肉供应链中引起猪肉质量安全事件的主要成因

环节	事件成因	主要来源	十年总数	占比（%）
养殖	出售不合格原料	死猪	2103	9.37
		病猪	381	1.70
	添加或使用违禁物	瘦肉精	4179	18.62
	人药代替兽药	土霉素	83	0.37
		抗生素	774	3.45
	未检疫或检疫不合格	疫病或未检疫	1029	4.59
	合计	合计	8549	38.10

续表

环节	事件成因	主要来源	十年总数	占比（%）
屠宰加工	无证、无照生产	私屠	1236	5.51
	非法加工	注水	1821	8.12
		注胶	57	0.25
	微生物	沙门氏菌	599	2.67
		致病菌	750	3.34
		大肠杆菌	449	2.00
		金黄色葡萄球菌	462	2.06
	食品添加剂滥用（不应当用于肉制品中）	染色	884	3.94
		山梨酸钾	168	0.75
		苯甲酸钠	137	0.61
		胭脂红	528	2.35
	添加或使用违禁物	工业原料（如工业松香）	92	0.41
		硼砂	367	1.64
		双氧水	378	1.68
		火碱	108	0.48
	原料不合格	蛆虫	100	0.45
		腐肉	70	0.31
	合计	合计	8206	36.58
销售	造假或欺诈	假冒	2917	13.00
	过期	过期	2764	12.32
	合计	合计	5681	25.32

资料来源：根据食品安全数据监测平台 Data Base V1.0 挖掘的 2006—2015 年全国食品安全事件数据整理。

人为因素是导致猪肉质量安全问题的最主要因素，根据表 1.1 计算可知，由人为因素所导致的事件占总量的 90% 左右，其中非法添加或使用违禁物所引发的事件量最多，占事件总量的 22.83%，其他依次为造假或欺诈、出售或使用病死猪肉、注胶或注水肉等，分别占总量的 13.00%、11.07%、8.37%。此外，约 10.08% 的猪肉质量安全事件是由菌落总数超标或含有致病微生物等生物性风险所致，其中沙门氏菌、金黄色葡萄球菌和大肠杆菌导致的事件量分别占总量的 2.67%、2.06%、2.00%。

三、病死猪事件

表 1.1 显示，出售病死猪已成为养殖环节中仅次于添加或使用违禁物的影响猪肉质量安全的第二大原因，因此，有必要对近年来病死猪的发生数量进行分析。图 1.16 显示了 2006—2015 年十年间我国发生的病死猪事件以及病死猪案例。由图可知，在 2009 年以前，病死猪案例尚未凸显，有关病死猪事件的数量也并不突出。但自 2011 年开始，病死猪事件的发生量以及病死猪的案例不断上升，在 2014 年达到最高峰，

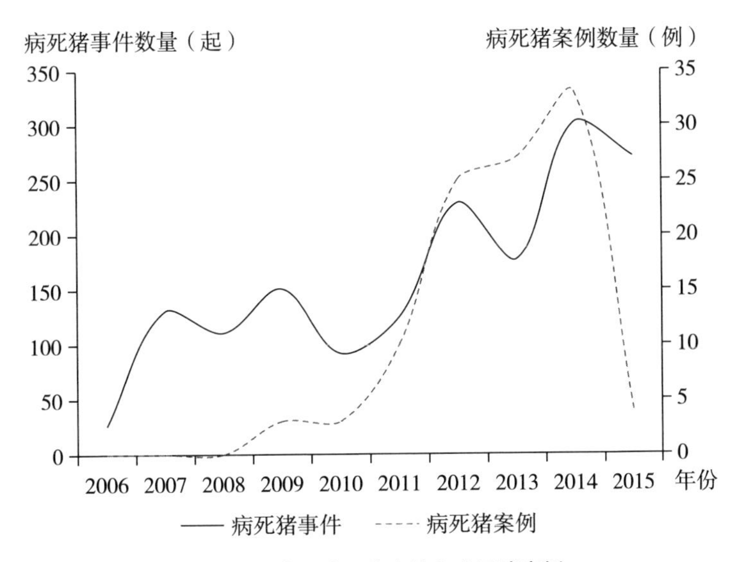

图 1.16　全国病死猪事件和病死猪案例

资料来源：根据食品安全数据监测平台 Data Base V1.0 挖掘的 2006—2015 年全国食品安全事件数据整理。

发生病死猪事件302起，曝光病死猪案例33例。典型的案例如2015年1月山西省晋城公安机关破获的一起制售“病死猪”案，这些犯罪团伙自2012年以来，相互勾结，在病死猪的收购、屠宰、加工、销售等各个环节中分工明确，销往晋城地区的100余家饭店食堂，表现出高度的专业化，影响十分恶劣。

作为本书研究的起始章节，本章通过分析食品安全问题的现状对研究背景进行了详细阐述。具体而言，通过大数据挖掘工具获取的食品安全事件数据，对近年来发生的食品安全事件的特点及其成因进行分析。从食品安全事件的成因来看，人为因素是造成食品质量安全问题的最主要因素，而其中，违规使用添加剂以及造假欺诈是两类最为突出的原因。就食品类别而言，肉类及肉制品是全部食品类别中最具风险的一类食品。而猪肉则在所有肉类及肉制品的质量安全事件中占据了约65%的比例。非法使用瘦肉精，造假或欺诈是造成猪肉质量安全事件的两大主要原因。猪肉作为一种动物源食品，所涉及的生产环节多、时间长、范围广，受自然环境、社会环境、经济环境等众多因素的影响，猪肉生产过程中的各个环节都可能存在质量安全风险。特别是在目前我国生猪养殖规模化程度不高的背景下，生猪养殖仍然存在养殖规模小、分散化，养殖时间久、周期长等特点，由此导致生猪养殖环节成为最容易出现猪肉质量安全问题的环节。生猪养殖户在生产过程中普遍存在为追求利益最大化而滥用饲料添加剂、超量超范围使用兽药、丢弃甚至出售病死猪等影响猪肉安全的生产行为，同时，也存在随意排放污水粪便、忽视动物福利、管理不善以及以劣代良、以次充好等影响猪肉质量的生产行为。鉴于此，本书以生猪养殖环节的生产行为为例，分析影响食品质量安全的生产行为，阐明食品生产者生产符合质量安全水平标准的食品行为机理，以期为破解食品质量安全难题，提高政府的监管水平提供对策建议。

第二章 影响食品质量安全的生产行为的文献综述

本章围绕影响食品质量安全的生产行为，对已有的文献进行梳理，主要分四部分进行：首先，依据食品安全和食品质量的风险来源，确定影响食品安全和食品质量的生产行为。其次，基于危害分析与关键控制点，梳理产生食品安全和食品质量风险的关键生产行为。再次，以生猪养殖为例，进一步就生猪养殖环节影响猪肉安全和猪肉质量的关键生产行为进行归纳整理。最后，就国内外近年来关于影响生猪养殖户生产行为主要因素的文献进行归纳和综述。通过对现有研究的归纳和梳理，确定了生产行为的具体内涵和主要范畴，为研究生产行为的影响因素提供文献支撑并由此寻找可能的切入点。

第一节 影响食品质量安全的生产行为

食品的质量安全风险存在于“农田到餐桌”的各个环节。[①] 如图 2.1 所示，在农业生产环节、农产品储存运输环节、食品加工环节、销售环节甚至是最终的烹饪使用环节都存在影响食品质量安全的风险行为。

① N. Tarkhashvili, M. Chokheli, M. Chubinidze, et al., “Regional Variations in Home Canning Practices and the Risk of Foodborne Botulism in the Republic of Georgia, 2003”, *Journal of Food Protection*, Vol.78, No.4, 2015.

例如，作为农产品质量安全源头的农业生产环节，使用化肥、农药、杀虫剂、抗生素等化学药品造成的化学危害是导致食品质量安全风险的主要原因；而在农产品的存贮运输环节以及加工环节，食品质量安全风险则不仅存在于有毒化学污染物造成的化学危害，甚至包括微生物污染以及物理危害。在食品的进出口以及消费阶段，造成食品质量安全风险的原因主要是非法添加剂的使用；而在消费及食用环节，食品质量安全风险则更多地表现为微生物污染导致的生物危害。由此可知，尽管食品质量安全风险存在于“农田到餐桌”的各个环节，但各个环节又表现出不同的特点，造成食品质量安全问题的主要原因也不尽相同。事实上，食品从生产到储存到加工到运输到消费所涉及过程非常复杂，图 2.1 也不能概括食品质量安全风险的全部。并且对于不同类别的食品而言，其所涉及的各个生产环节也不尽相同。但对应食品质量安全而言，只有各个环节的生产行为均符合规范，才能保证最终消费的食品的质量与安全。食品质量安全风险的这种复杂性与隐蔽性，对食品质量安全监管提出了极大的挑战。

危害分析与关键控制点（Hazard Analysis and Critical Control Points，HACCP）是控制食品质量安全风险的有效工具，危害分析与关键控制

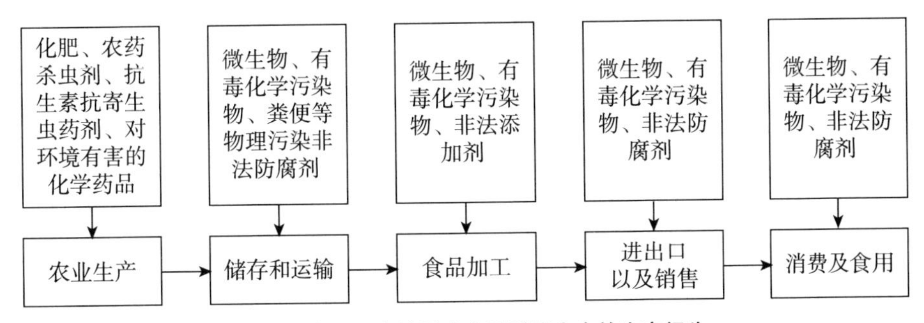

图 2.1 食品供应链影响食品质量安全的生产行为

资料来源：根据文献由作者整理所得。

点最初是用于确定食品安全的固定危害，保证食物免于受到微生物、化学以及物理污染的危害。现在，危害分析与关键控制点已成为识别、评价、控制食品质量安全危害科学的、系统的工具。[①] 通过对食品生产过程的各个环节进行危害分析，找出关键控制点，采用有效的预防措施和监控手段使危害因素降到最低。危害分析与关键控制点并不意味着零风险，而是将危害的可能性降到最低程度。它实施的关键在于预防，因此是保障食品质量安全的预防性危害控制体系。

危害分析与关键控制点被广泛地应用于"从农田到餐桌"的食品供应链分析中，尤其是对食品加工环节的分析，[②] 如冷冻食品加工、速冻即食食品加工、罐头食品加工、饮料加工、水果蔬菜加工等。[③] 也不乏文献运用危害分析与关键控制点研究肉类食品尤其是猪肉食品的加工。例如，姜利红等分析了猪肉生产过程中养殖、屠宰、加工、运输等环节的危害来源以及关键控制环节。[④] 陈祖杰等对卤肉制品的生产过程进行了分析。[⑤] 程明才利用危害分析与关键控制点分析了冷冻猪肉加工过程中涉及的危害以及关键控制点等。[⑥] 在美国，食品安全监督服务

① K. Ropkins, A. J. Beck, "Evaluation of Worldwide Approaches to the Use of HACCP to Control Food Safety", *Trends in Food Science & Technology*, Vol.11, No.1, 2000.

② 李艳霞：《HACCP 在从"农田到餐桌"食品供应链中的应用》，《检验检疫学刊》2008 年第 1 期。P. Papademas, T. Bintsis, "Food Safety Management Systems (FSMS) in the Dairy Industry: A Review", *International Journal of Dairy Technology*, Vol.63, No.4, 2010.

③ 高云、张振祥：《HACCP 在速冻食品加工中的应用》，《食品研究与开发》2004 年第 3 期。苏来金、吴文博、郭安托等：《HACCP 在冻干即食刺参加工中的应用》，《水产科技情报》2014 年第 6 期。何承云、孙一帆、朱亚东等：《HACCP 体系在鱼肉罐头食品中的应用研究》，《河南科技学院学报》（自然科学版）2016 年第 1 期。魏强华、余春茹、邓桂兰：《HACCP 体系在椰子汁饮料加工中的应用》，《食品研究与开发》2013 年第 3 期。杨小慧：《番茄食品加工企业实施 HACCP 常见问题及对策分析》，《食品安全导刊》2015 年第 9 期。

④ 姜利红、潘迎捷、谢晶等：《基于 HACCP 的猪肉安全生产可追溯系统溯源信息的确定》，《中国食品学报》2009 年第 2 期。

⑤ 陈祖杰、李乐、章建辉等：《HACCP 在湖南卤肉制品生产中的应用》，《食品与机械》2010 年第 5 期。

⑥ 程明才：《HACCP 在冷冻猪肉加工储运过程中的应用》，《食品与机械》2012 年第 4 期。

局（FSIS）在确定危害分析与关键控制点用于分析肉类微生物危害的可行性的基础上，建立了肉类行业的危害分析与关键控制点体系。[①]其后，危害分析与关键控制点作为水产品生产中的强制性预防控制体系，以确保水产品的安全。[②]此外，斯奈德（Snyder）将危害分析与关键控制点应用于零售食品的加工生产过程中。[③]奈特和斯坦利（Knight and Stanley）则尝试在有机生产中建立危害分析与关键控制点体系，为种植业和畜牧业的有机农产品生产确定保证农产品安全的关键控制点。[④]

由国际食品法典委员会可知，危害分析与关键控制点包括七个原则，当运用危害分析与关键控制点研究食品生产时，可以将其划分为几个阶段，并将危害的来源进行细化区分。[⑤]从现有的文献来看，危害分析主要集中于对与食品安全有关的风险进行分析，对于食品安全的危害来源，主要集中于三种潜在的危害，即生物性危害、物理性危害以及化学性危害。但少有文献涉及食品质量风险的危害分析。鉴于此，本章的文献综述在现有研究的基础上，依据危害的来源不同，从食品安全风险和食品质量风险两个角度分别进行分析。下面分别从食品安全和食品质量两个角度，找出影响食品质量安全的关键生产行为。

---

① R. B. Tompkin, "HACCP in the Meat and Poultry Industry", *Food Control*, Vol.5, No.3, 1994.

② US Federal Register, *Proposal to Establish Procedures for the Safe Processing and Importing of Fish and Fishery Products, Proposed Rule*, US Federal Register, Washington, USA, 1994, pp.23–26.

③ O. Snyder, "Application of HACCP in Retail Food Production Operations", *Febs Letters*, Vol.148, No.1, 2005.

④ C. Knight, R. Stanley, *HACCP Based Quality Assurance Systems for Organic Food Production Systems*, *Improving Sustainability in Organic and Low Input Food Production Systems*, Proceedings of the 3rd International Congress of the European Integrated Project Quality Low Input Food, University of Hohenheim, Germany, 2007, p.13.

⑤ Codex, *Food Hygiene Basic Texts (Third Edition)*, Codex Alimentarius Commission, Rome, 2003, p.121.

一、影响食品安全的关键生产行为

根据食品安全风险的来源分析，影响食品安全的生产行为通常是指对食品的生物、化学、物理状态产生改变的生产行为。图 2.2 显示了食品安全风险的三大主要来源，即生物危害、化学危害以及物理危害。

影响食品安全的生物危害主要包括食品的水分、养分、抗菌成分以及生物结构等内在因素，也包括外在环境中的温度、湿度以及气体因素。具体而言，作物生长以及加工过程中的温度控制、pH 值控制以及湿度控制等行为，是影响食品微生物特性的关键行为。例如，酸度控制是腌制食品中常用的保存食品的手段，减少水分含量也是最古老的保存食品的方法。细菌的繁殖需要一定的温度和湿度，大部分的细菌属于嗜常温类。[①] 此外，食源性病菌与食物的加工过程以及水源的清洁程度密切相关。在食品加工过程中，如果卫生条件不达

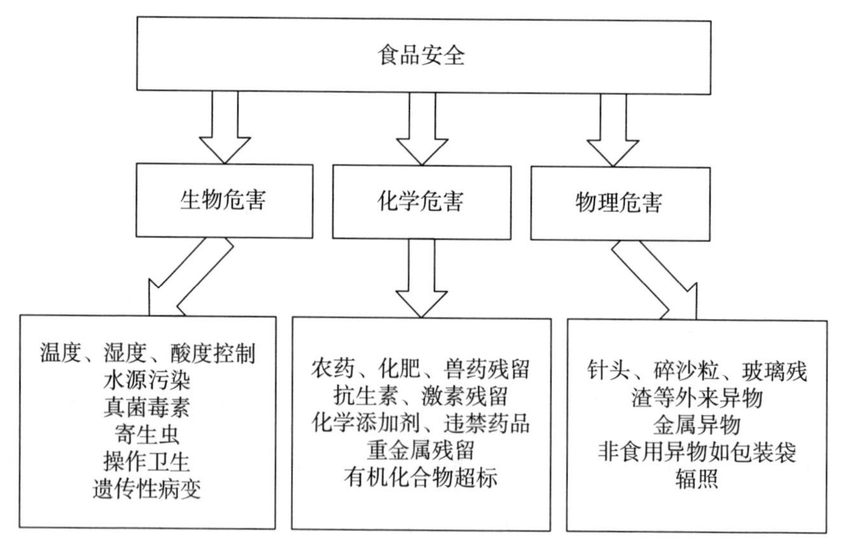

图 2.2　食品安全的主要风险来源

资料来源：根据文献由作者整理所得。

① S. Mad, "Food Quality and Safety" ,*Food Engineering*, Vol.3, No.4, 2014.

标，生熟食品不分离，加工的温度、湿度控制不当等行为出现，将导致细菌滋生，致使食物受到微生物的感染。[①] 使用过期、变质甚至患病死亡的食品原料，会带来食源性致病菌，是造成食品生物污染的原因之一。许多种类的真菌会产生有毒的代谢物，这些代谢物被称为真菌毒素，真菌毒素存在于被污染的粮食、谷物以及食用了该毒素的牲畜体内，被人类直接或间接地食用会影响人体健康。寄生虫也是引起食源性疾病的重要原因，大约有 20 种致病性原虫通过受污染的水体以及食物进入人体内。典型的例子是对病死猪不进行规范处理，由于病死猪体内含有多种寄生虫，食用其本身或者其污染过的水体以及其他生物会对健康造成严重影响。一些食品本身存在毒性，如藻类和贝类食品，它们在外观和口感上与普通的食品并无区别，甚至一些有毒食品难以通过烹饪的方式去除毒素。还有一些食品，如河豚，如果在加工过程中处理不当，很容易造成毒素残留。此外，如果使用有毒有害的包装材料，将增加食品的毒害成分。

食品的化学危害主要来自有毒的化学物质，如农药、杀虫剂、过敏原、有毒金属等，甚至来自塑化剂、人药残留、化学添加物以及动植物毒素等。在农产品的种植以及养殖过程中，农户大量使用化肥、农药、兽药、饲料添加剂、激素以及抗生素，尤其是超量使用农兽药、违规使用添加剂，甚至使用违禁药品和非食用化学原料等，这些生产者的行为是造成食品化学风险的重要原因。[②]农药、兽药、化肥等化学投入品的大量使用，一方面导致土壤退化、水体污染；另一方面导致农产品、水产品中的硝酸盐、亚硝酸盐、有机化合物、重金属等含量严重超标，直接

① 谭天明：《应重视在农业生产环节解决食品安全问题》，《经济纵横》2011 年第 9 期。

② 程言清：《食品质量与食品安全》，《农业质量标准》2004 年第 1 期。

危害人体健康。[①]许多食源性疾病的爆发，与环境污染密切相关。[②]在引起我国食源性疾病的前五大风险因素中，受污染的设备和环境占五分之一，是仅次于食品存放方式的一大风险因素。[③]投入品的使用规范与否直接影响食品的化学特性，从而关系到食品是否安全。[④] 例如，过量、违规使用违禁药品，使用过期的添加剂甚至添加非食用化学物质，使用劣质、变质的饲料，使用高毒高危害的化肥农药，过量使用激素、抗生素药物等，导致农作物中残留过量的化学药物或发生生物病变，破坏人体胃肠菌群平衡、引起食用者慢性或急性中毒、过敏甚至致畸致癌。[⑤] 在食品加工过程中，滥用食品添加剂、非法添加非食用化学物质以及为延长货架期添加非法防腐剂等。在储存和运输环节，由于对运输条件的控制不当使化学污染物、放射性污染物、物理污染物对食品造成二次污染等，[⑥] 这些行为均可能导致食源性疾病、食品中毒甚至死亡。

物理危害则多数表现为外来异物，例如，动物源食品的针头、玻璃残渣、碎石沙子等，通常消费者或食用者误食这些物理残留之后会对其身体健康造成直接的危害。物理危害也包括食品在切割、分装、包装过程中残留的金属异物或包装异物，这些也会对食用者的身体健康造成一定的影响。

---

① P. Mozumder, E. Flugman, T. Randhir, "Adaptation Behavior in the Face of Global Climate Change: Survey Responses from Experts and Decision Makers Serving the Florida Keys", *Ocean & Coastal Management*, Vol.54, No.1, 2011.

② 王晓莉、李勇强、李清光等：《中国环境污染与食品安全问题的时空聚集性研究——突发环境事件与食源性疾病的交互》，《中国人口·资源与环境》2015 年第 12 期。

③ 徐明焕：《论质量安全型经济》，中国标准出版社 2013 年版，第 113—115 页。

④ 冯学慧等：《浅析动物产品兽药残留的危害与对策》，《动物医学进展》2010 年第 31 期。

⑤ R. Capita, C. Alonso-Calleja, "Antibiotic-resistant Bacteria: AChallenge for the Food Industry", *Critical Reviews in Food Science and Nutrition*, Vol.53, No.1, 2013.

⑥ 郑风田：《从食物安全体系到食品安全体系的调整——我国食物生产体系面临战略性转变》，《财经研究》2002 年第 2 期。

在食品生产过程中的各个环节都存在影响食品安全的生产行为，尤其是在初级农产品的生产阶段，当前我国发生的很多食品质量安全问题，尤其是一些重大食品安全事故，往往是由农产品生产环节生产者的不当行为所致。[①] 初级农产品生产环节是导致食品安全问题的关键环节，农产品生产环节存在的安全风险将从源头上增加我国的食品安全风险，加重食品质量安全问题。

二、影响食品质量的关键生产行为

食品的质量风险包括品种风险、环境风险、动物福利风险、生产风险、职业卫生与安全风险以及管理风险等方面。图 2.3 显示了食品质量风险的几类风险来源，主要体现在品种风险、环境风险以及生产风险上，对于动物源食品，还需要加上动物福利风险。与此相对应，影响食品质量的关键生产行为主要包括品种的选择行为、生产环境的选址以及保护行为、对待动物最基本的生理以及心理需求的态度与行为，以及生产组织与档案管理行为等。由于本书将影响食用者身体健康的安全属性从食品质量属性中剥离出来单独进行分析，因此，这里讨论的影响食品质量的生产行为与影响食品安全的生产行为不同，通常不会对人体健康造成巨大危害，但由于无法达到消费者的预期，往往会给消费者带来经济损失。

根据食品质量属性的分类可知，影响食品品质的因素包括对食品的外观、大小、气味、质地、味道、颜色、营养价值等作出改变的行

---

① 茆志英：《以产业源头为重点的食品质量安全控制研究》，中国农业大学，硕士学位论文，2015 年，第 26—28 页。

为。[①] 此外，食品的品质还受原材料的影响。食品的外观、大小、形状等与食品的加工技术相关，由于加工工艺的不成熟或在食品加工过程中偷工减料、以次充好，不仅影响食品的外观，还给消费者带来不好的印象。食品的原料以及加工工艺会对食品的营养价值属性造成影响，有营养的、天然的、无公害的原材料，通过使用合理的加工技术，能够保存食物原有的营养价值，有益于食用者的身体健康。如果在饲养、种植过程中使用普通品种的种子、仔畜代替优质的种子、仔畜，或采用普通的种植、养殖模式代替绿色、有机的种植、养殖方式等，则会影响食品的品质，致使消费者蒙受经济损失。

随着人们生活水平的提高，消费者对食品生产过程中涉及的道德伦理等问题的关注也逐步提升，如在涉及禽畜类食品时更加关注动物福利、禽畜生长的环境、养殖户的职业健康与卫生状况等。[②] 环境风险

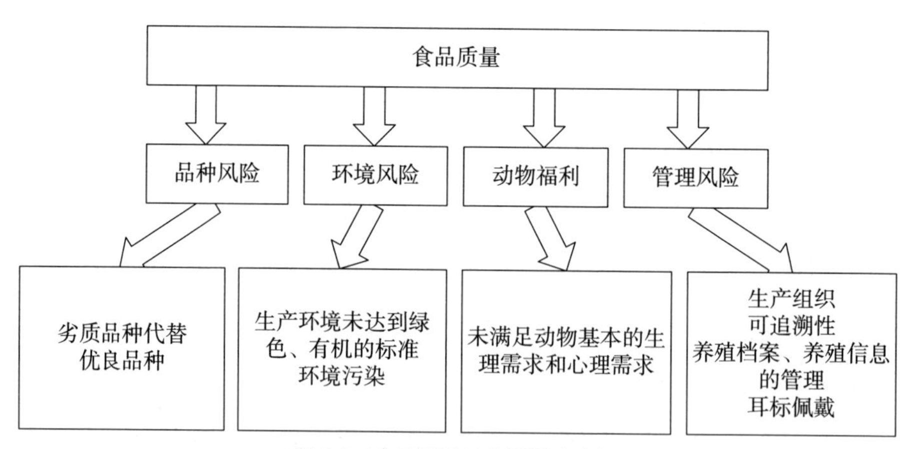

图 2.3 食品质量的主要风险来源

资料来源：根据文献由作者整理所得。

---

① J. A. Caswell, M. E. Bredahl, N. H. Hooker, "How Quality Management Metasystems are Affecting the Food Industry", *Applied Economic Perspectives and Policy*, Vol.20, No.2, 1998.

② D. L. Ortega, H. H. Wang, L. Wu, et al., "Modeling Heterogeneity in Consumer Preferences for Select Food Safety Attributes in China", *Food Policy*, Vol.36, No.2, 2011.

方面，消费者开始关注集约化养殖带来的气味、固体排泄物以及废水排放对环境的污染问题。动物福利方面，从养殖的密度、集中程度、棚舍的卫生状况、通风程度到禽畜在运输过程中是否眩晕、疲劳、饥饿、缺水、受挤压和踩踏，再到是否电击屠宰消除牲畜的应激反应等，都是影响动物福利的重要因素。生产风险与管理风险主要体现的是管理者对生产组织、产量大小、设备管理、档案管理等方面的选择。良好的生产与管理能提高生产效率，保证产品的各环节有效衔接以及提高产品各生产流程的透明度和信息的流通程度。[①] 由此可见，生产者对待动物的态度、棚舍卫生状况、空间大小、通风情况、污水粪便的处理情况等行为都可能对食品的质量造成影响，从而影响消费者对食品预期的满足程度。

第二节　养殖环节的关键生产行为

食品的种类不同，所涉及的生产行为也不尽相同，对影响食品质量安全风险的行为研究需要根据食品的具体种类进行具体分析。猪肉作为一种动物源食品，所涉及的生产环节多、时间长、范围广，受自然环境、社会环境、经济环境等众多因素的影响，猪肉生产的各个环节都可能存在质量安全风险。近年来，有关猪肉质量安全的事件频繁爆发，成为食品安全事件最为频发的食品类别之一。[②] 猪肉是我国居民肉类消费的最主要来源，2017 年，我国居民人均猪肉消费量占全部肉

---

① S. Ahmad, "Food Quality and Safety", *Food Engineering*, Vol.3, No.4, 2014.

② 吴林海、王淑娴、朱淀：《消费者对可追溯食品属性偏好研究：基于选择的联合分析方法》，《农业技术经济》2015 年第 4 期。

类消费量的 64.78%。长期以来，中国的猪肉产量和消费量均占世界首位，是全球最大的猪肉生产国和猪肉消费国。确保猪肉的质量安全，对保障我国农产品质量安全具有重要的战略意义，因此，本书以猪肉为例展开分析。

一般而言，对猪肉质量安全影响较大的环节主要涉及生猪养殖环节、运输环节、屠宰加工环节、销售环节以及最终的消费环节。图 2.4 显示，在猪肉供应链的各个环节都可能存在影响猪肉质量安全的生产行为。作为供应链前端的生猪养殖阶段，包括育种、喂养、生产三个环节，每一个环节都对猪肉的质量安全有着极其深远的影响。[①] 对育种环节，品种选择、基因问题是决定猪肉质量与安全的最基本因素。在喂养与生产环节，围绕投入品的使用、检验检疫、生产管理以及生长环境处置又可以细分出很多分别影响猪肉质量和安全的生产行为。对于运输阶段，主要涉及的是动物的应激反应对猪肉质量和安全造成的影响，因此影响猪肉质量和安全的生产行为则多表现为管理人员对待动物福利的态度与行为上。屠宰加工阶段是除养殖阶段外又一个涉及环节较多的阶段，对于处在屠宰场、分割生产线以及加工环节的生产人员而言，其检测行为、电击方式、放血方式、对温度和湿度的控制以及个人卫生状况等都有较为统一的标准。除此之外，影响猪肉质量安全的生产行为主要表现在添加剂或添加剂物的使用方面，例如，瘦肉精问题、注水猪问题等。而销售以及消费环节的质量安全风险则主要体现在贮存方式不当以及烹饪不当造成的微生物污染。

在生猪供应链的整个阶段，涉及与猪肉质量安全相关的生产行为

---

① S. V. Rodriguez, L. M. Pla, J. Faulin, “New Opportunities in Operations Research to Improve Pork Supply Chain Efficiency”, *Annals of Operations Research*, Vol.219, No.1, 2014.

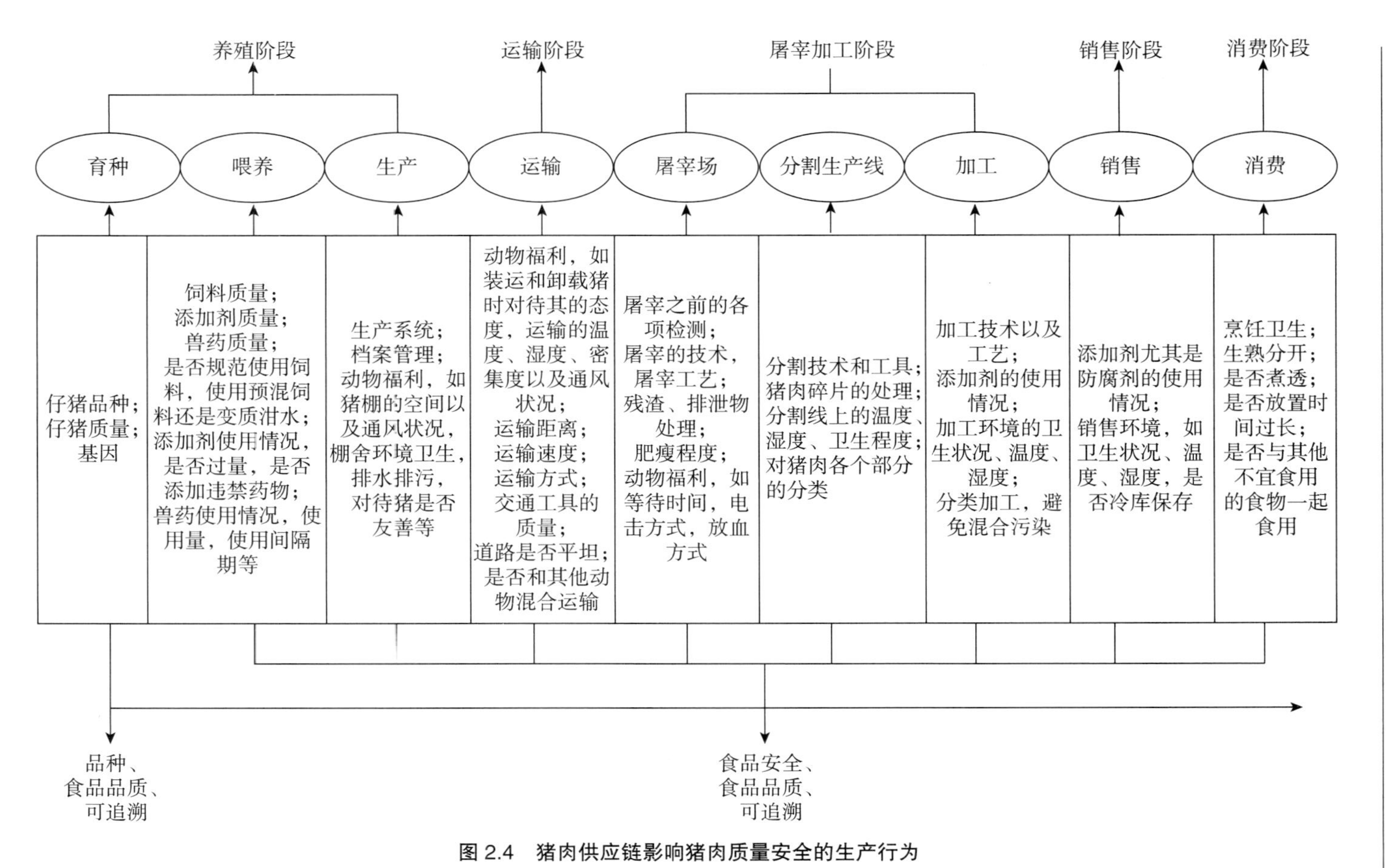

图 2.4 猪肉供应链影响猪肉质量安全的生产行为

资料来源：根据文献由作者整理所得。

十分复杂，图 2.4 所列举的行为也不能概括其全部，但对各个阶段进行分析之后发现，容易出现猪肉质量安全问题的阶段主要集中在养殖和屠宰加工两个阶段。而对于养殖阶段而言，其涉及的生产时间比屠宰加工阶段更长，并且相对于规范化的加工企业，目前尚未有严格的标准对养殖的各项行为进行统一。生猪在漫长的生长过程中，面对未经严格培训以及管理的养殖户的生产行为，可能存在较大的质量安全风险。并且作为整个猪肉供应链的源头，确保其质量安全是之后各个阶段猪肉质量安全得以保证的基础。汉尼斯（Hennessy）认为食品安全问题之所以出现，部分是因为不合规的农产品进入加工环节，并且在此之后没被检测出来。[①]由此可见，控制养殖户的生产行为是保障下游产品质量安全的前提。[②]在中国，目前的生猪养殖模式仍以小规模、分散化为主，加之生猪从育种到出栏至少要经过六个月的时间，受养殖时间和空间的限制，难以对养殖户的生产行为进行实时监管，这样就加大了养殖环节出现违规行为的可能性。因此，研究生猪养殖环节的生产行为就显得尤为重要。

国内外已有学者对生猪养殖环节所涉及的生产过程以及相关的生产行为进行了分析（见表 2.1），例如樊哲炎、霍希纳和波因顿（Horchner and Pointon）将生猪养殖的生产过程划分为祖代引进、父母代引进、配种、妊娠、分娩、哺乳、断奶、仔猪培育、选种选育、父母代种猪、生长猪育肥、出栏上市等环节。[③] 而郑龙的研究则将祖代和

---

① D. A.Hennessy, "Information Asymmetry as a Reason for Food Industry Vertical Integration", *American Journal of Agricultural Economics*, Vol.78, No.4, 1996.

② 孙世民：《基于质量安全的优质猪肉供应链建设与管理探讨》，《农业经济问题》2006 年第 4 期。

③ 樊哲炎：《HACCP 体系在无公害养猪生产上的应用与推广研究》，中国农业大学，硕士学位论文，2004 年，第 39—40 页。P. M.Horchner, A. M.Pointon, "HACCP-based Program for On-farm Food Safety for Pig Production in Australia", *Food Control*, Vol.22, No.10, 2011.

父母代引进统一称为引种，重点考察商品猪的生产过程。[①] 波因顿、霍希纳、肖学流、李灿波、曾琼等引入了猪场选址与布局的行为。俄广鑫等、曾琼等、波因顿和霍希纳等对仔猪的培育过程进行了进一步的划分，考虑了防疫与检疫、饲料和添加剂的使用以及饲养管理等行为。曾琼、波因顿和霍希纳等不仅考虑了影响猪肉安全的生产行为，也考虑了养殖档案、动物福利、环保等影响猪肉质量的生产行为。[②]

表 2.1　生猪养殖户环节主要涉及的生产过程

养殖环节涉及的生产过程	相关文献
祖代引进、父母代引进、配种、妊娠、分娩、哺乳、断奶、仔猪培育、选种选育、父母代种猪、生长猪育肥、商品猪上市	樊哲炎（2004）、Horchner and Pointon（2011）
引种、后备培育、分娩哺乳、仔猪培育、生长猪育肥、商品猪上市	郑龙（2006）
猪场选址、仔猪引进、猪场防疫及兽药使用、饲养管理、饲料及添加剂使用、检疫、出栏上市	俄广鑫等（2009）
猪场选址、种猪引进、仔猪培育、生长猪育肥、出栏上市	肖学流（2010）、李灿波（2013）
选址与布局、品种选择与引种、饲养管理、养殖档案、饲料使用、卫生消毒、疫病防疫、动物福利、环保、检疫运输	曾琼等（2016）、Pointon（2010）

基于现有的研究，可以概括出生猪养殖环节的具体流程以及影响猪肉质量安全的生产行为，如图 2.5 所示。从生猪的生长过程来看，生

① 郑龙：《无公害生猪生产的 HACCP 模式的建立》，《当代畜牧》2006 年第 8 期。

② A. M. Pointon, P. Horchner, *Food Safety Risk Based Profile of Pork Production in Australia. Technical Evidence to Support an On-farm HACCP Scheme*, Australia Pork Ltd. 2010, pp.29–31. 肖学流：《HACCP 质量管理体系在“光华百特”无公害生猪的应用研究》，中国农业科学院，硕士学位论文，2010 年，第 20—22 页。李灿波：《生猪生产中 HACCP 分析及控制》，《养殖技术顾问》2013 年第 1 期。曾琼、肖礼华、廖静：《利用 HACCP 体系进行无公害生猪生产》，《当代畜牧》2016 年第 30 期。俄广鑫、刘娣、郭权和等：《HACCP 在无公害生猪生产中的应用》，《畜牧与饲料科学》2009 年第 6 期。

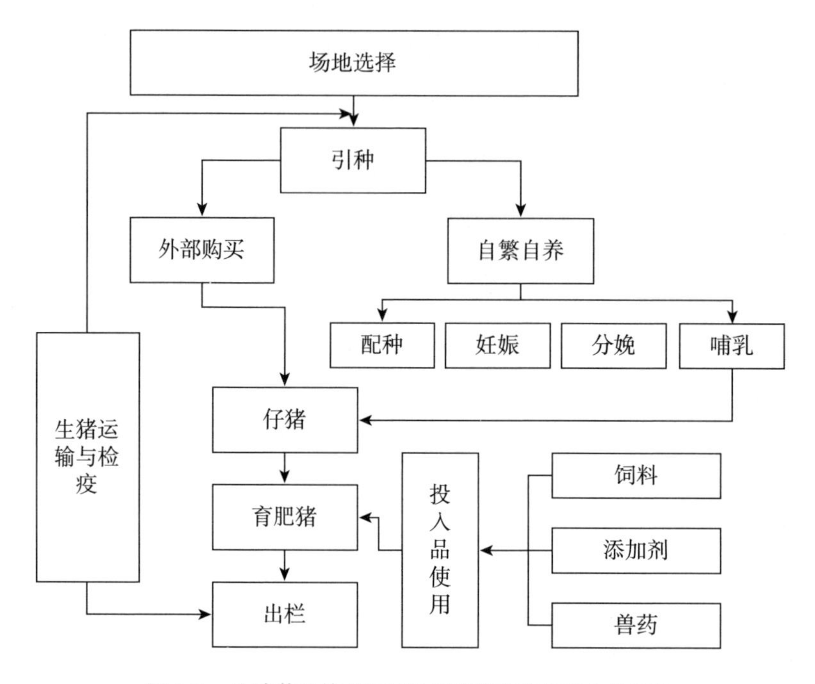

图 2.5 生猪养殖的流程以及影响猪肉质量安全的因素

猪养殖主要包括引种、繁育、仔猪、生长猪育肥、出栏等环节。依据仔猪来源的不同，繁育又可分为外部购买和自繁自养两种情况。外部购买所涉及的生产行为相对简单，自繁自养又可细分为配种、妊娠、分娩以及哺乳四个阶段。一般来说，这些环节中影响猪肉安全的生产行为主要是消毒与检疫行为，而仔猪的品种则与猪肉的质量密切相关。在生长猪育肥阶段，影响猪肉质量安全的生产行为主要包括投入品的使用和检验检疫。在出栏阶段，影响猪肉质量安全的行为则主要是运输与出栏检疫等行为。由于生产环境以及水源状况对猪肉的质量安全有着较为重要的影响，因此将场地选择也作为生猪养殖环节影响猪肉质量安全的生产行为之一。

在确定生猪养殖环节所涉及的生产过程与生产行为之后，就可以运用危害分析与关键控制点体系，根据各项行为导致的危害程度确定关键的控制点。由于危害分析与关键控制点被广泛应用于具有统一工艺流程和生产标准的屠宰加工环节，因此，在现有的研究中，运用危害分析与关键控制点研究屠宰加工环节中猪肉质量安全风险的关键控制点以及影响猪肉质量安全的关键行为的文献不在少数。① 但对于养殖环节的文献研究则相对较少。目前，国内的研究多数是探讨无公害生猪的养殖环节的危害分析与关键控制点问题，例如，郑龙分析了危害分析与关键控制点管理体系在产地环境选择、生产资料购买、生产过程控制以及市场准入等在无公害生猪生产过程中的推广。② 俄广鑫等通过对无公害猪肉生产过程中的养殖环节关键控制点的分析发现，仔猪的采购，疫苗、兽药的使用以及饲料、添加剂的使用是影响猪肉质量安全的关键环节。③ 曹进通过对无公害生猪的生长过程分析，认为饮水与饲料的卫生、添加剂和兽药的使用以及环境质量是生猪养殖环节的关键控制点。④ 也有从整个生猪供应链的角度探讨养殖环节的关键控制点问题，例如，沙鸣和孙世民的研究认为投入品的采购以及生猪的饲养管理是生猪养殖环节中保障猪肉质量的关键点，而其中的种猪采购、疫病防治以及生猪出售等则是保证猪肉质量的子关键点。⑤ 李中东和孙焕的研究发现产地环境保护与投入品使用和生产过程管理等技术之间

---

① Y. Khatri, R. Collins, "Impact and Status of HACCP in the Australian Meat Industry", *British Food Journal*, Vol.109, No.5, 2007.

② 郑龙：《无公害生猪生产的 HACCP 模式的建立》，《当代畜牧》2006 年第 8 期。

③ 俄广鑫、刘娣、郭权和等：《HACCP 在无公害生猪生产中的应用》，《畜牧与饲料科学》2009 年第 6 期。

④ 曹进：《浅谈生猪生产中 HACCP 分析及控制》，《畜禽业》2008 年第 11 期。

⑤ 沙鸣、孙世民：《供应链环境下猪肉质量链链节点的重要程度分析——山东等 16 省（市）1156 份问卷调查数据》，《中国农村经济》2011 年第 9 期。

相互作用，共同构成影响猪肉质量安全的关键点。[①] 国外也有学者研究了危害分析与关键控制点在养殖环节的应用。例如，霍希纳等使用修正的危害分析与关键控制点体系来确定食品安全在农业生产环节的关键控制点。[②] 在此基础上，波因顿和霍希纳以澳大利亚猪肉为对象，构建了猪肉风险的基本轮廓，为建立适用于农场的危害分析与关键控制点计划提供了信息支撑。霍希纳和波因顿则通过修正的危害分析与关键控制点体系，分析了澳大利亚生猪生产过程中养殖环节的食品安全关键控制点。国内外文献研究中选取的关键控制点具体如表 2.2 所示。

表 2.2　生猪养殖户环节的关键控制点

危害的关键控制点	国内外文献
传染病寄生虫、饮水卫生、饲料安全、添加剂兽药使用、疫病防治、环境质量	樊哲炎（2004）、郑龙（2006）、曹进（2008）、李灿波（2013）
仔猪引进、兽药及疫苗的使用、饲料及饲料添加剂的使用	俄广鑫等（2009）
场地选择与水质检测、饲料、疾病、药物、公共卫生与生物安全、生猪运输与进场检疫	肖学流（2010）
仔猪引进、饮水安全、饲养管理、饲料及添加剂使用、兽药及疫苗使用	曾琼等（2016）
品种选择、繁殖过程中的疫病防控、培育过程中的疫苗接种、投入品（饲料、水、兽药）使用、上市前停药、病死猪处理	Horchner and Pointon（2011），Pointon and Horchner（2010）
住房通风、数据管理、饲养、卫生、疾病防疫	Nollet et al.（2003）
饲料中的化学风险、有毒物质	Heres et al.（2010）

① 李中东、孙焕：《基于 DEMATEL 的不同类型技术对农产品质量安全影响效应的实证分析——来自山东、浙江、江苏、河南和陕西五省农户的调查》，《中国农村经济》2011 年第 3 期。

② P. M. Horchner, D. Brett, B. Gormley, et al., "HACCP-based Approach to the Derivation of an On-farm Food Safety Program for the Australian Red Meat Industry", *Food Control*, Vol.17, No.7, 2006.

续表

危害的关键控制点	国内外文献
育肥过程中的生物风险、饲料安全	Fosse et al.（2009），Rostagno and Callaway（2012）

霍希纳和波因顿的研究认为食源性疾病主要来源于三种潜在的危害，即生物性危害、物理性危害以及化学性危害。表 2.3 和表 2.4 概括了各项危害所包含的具体内容以及相关的控制措施。

表 2.3　生物性危害以及有效控制措施

危害来源	食源性疾病来源	主要存在于哪些动物源食品	养殖过程可否采取措施避免	其他环节中的有效控制措施
1.1 微生物				
沙门氏菌	是	猪	是 = 确保喂养卫生	是 = 过程控制
小肠结肠炎耶尔森氏菌	是	猪	否	是 = 过程控制
刚地弓形虫	是	猪	是 = 远离猫、鼠及鸟类	否
李斯特菌	是	加工环境	否	是 = 过程控制
空肠弯曲杆菌 / 坳	是	猪	否	是 = 过程控制
产气荚膜梭菌	是	猪 / 加工过程	否	是 = 过程控制
出血性大肠杆菌	是	猪 / 牛	否	否
指标细菌，如大肠杆菌、总存活数、大肠杆菌群	否	猪 / 加工过程	否	是 = 过程控制，最好养殖环节控制
金黄色葡萄球菌	是	加工过程	否	是 = 过程控制
抗菌耐药细菌	是	猪	是 =GAP 和 GVP	否
艰难梭菌	否	猪	否	否
鼠伤寒沙门氏菌	是	猪	是 = 禁止泔水喂养	是 = 过程控制
1.2 胎体病变				

续表

危害来源	食源性疾病来源	主要存在于哪些动物源食品	养殖过程可否采取措施避免	其他环节中的有效控制措施
脓肿	是	猪	是 = 动物健康计划 GVP	是 = 检测
关节炎	否	猪	是 = 对于丹毒可以	是 = 检测
禽结核病	否	猪	是 = 远离鸟类	是 = 检测
显著异常	否	猪	是 = 动物健康计划 GVP	是 = 检测
有钩绦虫（猪肉麻疹）	是	猪	是 = 注意个人卫生，禁止污染水源 GMP	是 = 检测，最好养殖环节控制
迭宫绦虫属（裂头蚴病）	是	猪（外界野生）	是 = 远离水生中间宿主	是 = 检测
旋毛虫	是	猪	是 = 禁止泔水喂养	是 = 检验野生猪肉
包虫囊	否	猪（野生）	是 = 远离农场犬蠕虫	是 = 检测
霉菌毒素（赭曲霉毒素）	是	猪	是 = 饲料存储及棚舍控制	是 = 饲料卫生控制
吡咯里西啶生物碱	是	猪	是 = 饲料存储及棚舍控制	是 = 饲料卫生控制

注：GAP 为 Good Agricultural Practice 的缩写，表示良好的农业生产规范；GVP 为 Good Veterinary Practice 的缩写，表示良好的兽药使用规范；GMP 为 Good Manufacturing Practice 的缩写，表示良好的操作规范。

资料来源：根据表 2.2 所列的研究以及相关资料整理。

表 2.4 物理性危害和化学性危害及有效控制措施

危害来源	导致食源性疾病	主要存在于哪些动物源食品	养殖过程可否采取措施避免	其他环节中的有效控制措施
物理危害				
外来异物（隐藏针头）	是	猪	是 = 良好的农业规范，断针的通知	是 = 检测，最好养殖环节控制
化学危害				

续表

危害来源	导致食源性疾病	主要存在于哪些动物源食品	养殖过程可否采取措施避免	其他环节中的有效控制措施
激素	是	猪	是 = 生长激素注册	否
有机氯杀虫剂	是	猪	是 = 化学药品控制	否
有机磷酸酯（肥料）	否	猪	是 = 化学药品控制	否
大环内酯	否	猪	是 = 化学药品控制	否
合成拟除虫菊酯	否	猪	是 = 化学药品控制	否
抗菌残留	是	猪	是 = 化学药品控制	否
驱虫剂	是	猪	是 = 化学药品控制	否
非甾体抗炎药	否	猪	是 = 化学药品控制	否
受体激动剂（莱克多巴胺）	是	猪	是 = 化学药品控制	否
重金属	是	猪	是 =GAP	否
毒素	是	猪	否	否
害虫（昆虫、啮齿动物）控制化学品	是	猪	是 =GAP	否
消毒液、消毒剂	是	猪	是 =GAP	否

注：GAP 为 Good Agricultural Practice 的缩写，表示良好的农业生产规范。

资料来源：根据表 2.2 所列的研究以及相关资料整理。

生物性危害如表 2.3 所示，主要包括微生物危害和胎体病变。其中如沙门氏菌、李斯特菌、大肠杆菌、金黄色葡萄球菌、抗菌耐药细菌等，是较为常见的微生物危害来源。这些细菌和微生物是导致食源性疾病的主要来源，多存在于猪、禽类等动物源食品中。其中大部分可以通过在养殖过程中采取相应的措施从而进行有效的避免。例如，沙门氏菌，可以通过确保喂养饲料以及水源等的卫生状况来避免该细菌的感染。刚地弓形虫，可以通过远离猫、鼠及鸟类来避免交叉感染。良好的农业生产规范（Good Agricultural Practice，GAP）以及良好的兽药使用规范（Good Veterinary Practice，GVP）可以有效避免抗菌耐药细菌的危害。避免使用泔水喂养则能有效防止鼠伤寒沙门氏菌的出现。对于脓肿、禽结核病、有钩绦虫、裂头蚴病、霉菌毒素等胎体病变造成的生物性危害来源，则可以通过有效的动物健康计划、良好的操作规范（Good Manufacturing Practice，GMP）以及良好的兽药使用规范来避免。

物理性危害和化学性危害见表2.4。其中，物理性危害主要考虑生产阶段可能掺入的外来异物，尤其是检疫防疫过程中带来的隐藏针头风险。化学性危害主要包括天然毒素、激素、药物残留、重金属危害等，这些也是造成食源性疾病的主要危害来源，多是在生猪的疫病防控和疾病防治过程中，由于摄入过量兽药或不遵守休药期导致，因此可以通过良好的农产品生产规范、化学药品控制以及生长激素注册等手段来有效控制。

一、影响猪肉安全的关键生产行为

根据上述分析，猪肉的安全风险主要是指猪肉中的微生物、化学以及物理污染物对人体健康造成的危害。表2.5归纳了生猪养殖环节影响猪肉安全的关键生产行为以及相应的危害程度。根据已有的研究，将生猪养殖环节划分为种猪引进、仔猪培育、生长猪育肥以及上市及病死猪处理等几个环节，每个环节针对生物、化学、物理三个危害来源又进一步划分其对应的潜在危害。根据危害的显著与否，判定潜在的危害及其对应的生产行为是否作为关键的控制点。结果归纳出仔猪培育以及生长猪育肥过程中的生物病原、投入品的生物危害和化学危害，疫病治疗、防疫中的化学危害，以及病死猪处理和上市过程中的生物危害和化学危害是需要进行关键控制的危害来源。由此可知，危害猪肉安全的关键控制点对应的生产行为主要包括引种的行为、投入品的使用行为、疫病的防控和疾病的防治行为、病死猪的处理行为等。具体而言，猪肉的微生物污染是指猪肉的菌落总数、大肠菌群数、沙门氏菌等不符合国家无公害食品的标准，对人体健康存在潜在危害。[①] 在生猪的养殖环节中，影响猪肉致病微生物污染的主要生产行为包括生猪疫病的防治、病死猪的处理等行为。化学污染是指猪肉中残留的盐酸克仑特罗等禁用化学药品、过量的生长激素、抗生素、驱虫药等化学物质以及重金属等，对人体造成的危害。[②] 兽药的使用、休药期间隔、饲料的使用以及添加剂的使用行为是生猪养殖环节中造成猪肉化学污染危害的主要因素。

表 2.5　影响猪肉安全的危害来源以及关键控制点

<table>
<tr><th>环节</th><th colspan="2">危害来源</th><th>潜在危害</th><th>显著</th><th>判定依据</th><th>关键控制点</th></tr>
<tr><td rowspan="3">种猪引进</td><td colspan="2">生物危害</td><td>传染病和寄生虫</td><td>是</td><td>可能携带传染病、寄生虫，抗体水平不均</td><td>否</td></tr>
<tr><td colspan="2">化学危害</td><td>消毒、用药</td><td>否</td><td>体表消毒药物残留</td><td>否</td></tr>
<tr><td colspan="2">物理危害</td><td>运输外伤、挤压踩踏、锐物碰撞</td><td>否</td><td>持续时期较短，容易恢复</td><td>否</td></tr>
<tr><td rowspan="3">仔猪培育、生长猪育肥</td><td rowspan="3">生物危害</td><td>携带生物病原</td><td>携带微生物以及寄生虫、虫害、鼠害</td><td>是</td><td>生长环境有可能带入致病原、但隔离措施可避免感染</td><td>是</td></tr>
<tr><td rowspan="2">投入品中的生物危害</td><td>饮水中的微生物危害</td><td>是</td><td>饮用水中可能存在卫生指标超标</td><td>是</td></tr>
<tr><td>饲料中的微生物危害</td><td>是</td><td>饲料中可能含有原料污染、发霉、变质</td><td>是</td></tr>
</table>

① 王军：《猪肉产品中致病微生物的污染及风险评估研究》，西北农林科技大学，硕士学位论文，2007 年，第 28 页。

② 林新仁、林国忠、李军山：《我国现阶段猪肉中的兽药残留现状》，《猪业科学》2012 年第 9 期。

续表

环节	危害来源		潜在危害	显著	判定依据	关键控制点
仔猪培育、生长猪育肥			添加剂中的微生物危害	是	添加剂可能发霉、变质	是
	化学危害	饲料中的化学危害	饲料中的有害化学成分、违禁添加物	是	违禁添加物可能存在危害	是
		添加剂中的化学危害	添加剂中的有害化学成分、超范围超剂量添加物	是	超范围超标添加剂可能存在危害	是
		疫病治疗、防疫中的化学危害	使用假劣兽药、过期兽药、人药兽用	是	兽药使用不当可能存在危害	是
			没有关注最新法律法规，使用违禁药物	是	违禁药物可能存在危害	是
			没有执行休药规定，造成兽药残留	是	兽药残留可能存在危害	是
		饲养环境中的化学危害	饲养环境中的化学污染	是	养殖场周围可能存在环境污染，可通过选址避免	否
	物理危害	生猪自身造成的物理危害	生猪的应激反应造成的抓伤、咬伤，碰撞、踩踏等外伤	否	物理外伤可能影响猪肉安全	否
		外界物理危害	隐藏针头、物理异物、隐藏脓包	否	物理异物可能影响猪肉安全	否
上市及病死猪处理	生物危害		传染病侵入，微生物污染	是	出栏过程中带入致病源，病死猪携带大量有害微生物	是
	化学危害		出栏期间使用兽药导致药物残留，病死猪的药物残留	是	兽药残留可能存在危害	是
	物理危害		运输外伤、挤压踩踏、锐物碰撞、异物感染	否	不良应激影响猪肉安全，病死猪存在掺杂物	否

注：危害判断依据的法律法规包括《中华人民共和国动物防疫法》《中华人民共和国传染病防治法》《中华人民共和国农业部第193号公告（食品动物禁用的兽药及其他化合物清单）》《农产品安全质量无公害禽肉安全要求（GB18406.3—2001）》以及《生猪控制点与符合性规范（GB/T20014.9—2008）》等。

由于猪是单胃动物，其食用的饲料以及其他成分物质将直接转化为肌肉和脂肪组织，因此，饲料、添加剂、兽药等与猪肉的质量安全密切相关。[①] 提高投入品的质量将直接或间接地降低食品安全风险，提升猪肉的质量安全。养殖户对饲料、饲料添加剂和兽药等投入品的选择行为直接决定猪肉的安全。[②]

由上述分析可知，养殖环节影响猪肉安全的关键生产行为包括不规范使用饲料、滥用饲料添加剂、不合理使用兽药、出售病死猪等。

从饲料的使用来看，当前生猪养殖使用的饲料主要包括全价料、浓缩饲料和预混料几种，其中浓缩饲料和预混料要按要求进行配比、混合后方可饲喂，并且，根据猪的生长阶段不同，所需的配比用量也不尽相同。然而当前养殖户在使用饲料时，多数根据自己的经验来进行，难以严格遵照规定的配比和用量。为促进生猪的生长，在饲料使用中人为加入违禁药物、重金属等化学物质的行为并不鲜见。对大型养殖户而言，为节约饲料成本，使用劣质、掺假，甚至生霉、变质的饲料等，直接影响生猪的健康以及猪肉的安全。[③]

添加剂使用方面，养殖户主要通过将添加剂与载体或稀释剂混合，按要求配比加入预混饲料或浓缩饲料中使用。当前的添加剂包括营养性和非营养性添加剂两类。营养性添加剂是指微量元素、维生素以及必需的氨基酸等，目的是增加生猪的营养。由于添加剂目前多为复合型的，养殖户如果缺乏了解，多种添加剂混合使用，不仅加大成本，

---

① K. Rosenvold, H. J. Andersen, "Factors of Significance, for Pork Quality: A Review", *Meat Science*, Vol.64, No.3, 2003.

② 孙世民、张媛媛、张健如:《基于 Logit—ISM 模型的养猪场（户）良好质量安全行为实施意愿影响因素的实证分析》,《中国农村经济》2012 年第 10 期。

③ 屠友金、汪以真、单体中:《影响猪肉安全的饲料因素分析》,《中国畜牧杂志》2004 年第 8 期。

造成添加剂之间发生拮抗作用，甚至可能造成中毒的现象。[①] 有些养殖户将营养性添加代替精料使用，不仅达不到预期的增加营养的效果，而且可能造成生猪缺乏必备的蛋白质和能量等营养素，影响生猪的健康。对于非营养性的添加剂使用行为则更不规范，例如为促进生长而添加的激素，为抗虫、抗病、抗氧化而添加的抗生素药物，为促进食欲而添加的酶制剂等，这些添加剂普遍存在超范围使用、超限量使用等违规情况。受利益的驱使，大量抗生素作为治疗和促进生长的作用添加到生猪的日常饲料中，造成猪肉中的抗生素残留，影响食用者的身体健康。

兽药的使用是影响猪肉质量安全非常重要的方面。尽管目前我国大部分地区都配有专业的兽医进行定期防疫，但仍有不少的养殖户根据经验自行用药，在预防和治疗动物疾病时，为达到治疗效果，或加大兽药剂量，或忽视规定的休药期增加用药次数，或任意使用复合制剂，甚至使用人用药，这些行为导致兽药在猪肉中代谢缓慢，造成猪肉中的兽药残留以及残留的兽药超过国家规定的最大量。根据美国对兽药残留的调查，不遵守规定的休药期（76%），饲料污染以及不正确使用药物（18%），是兽药残留超标的两大主要原因。我国兽药残留超标的主要原因则来自使用违禁药物、超量使用抗菌药物和药物添加剂、不遵守规定休药期三个方面。[②]此外，由于我国生猪养殖场的兽医技术参差不齐，有些兽医人员缺乏专业知识，不了解兽药的配伍禁忌，可能造成药效的不理想，甚至药物之间发生拮抗作用，对猪肉的安全造成影响。[③]

---

① 王士强：《饲料添加剂的认识误区及正确使用》，《养殖技术顾问》2011 年第 6 期。

② 刘万利、齐永家、吴秀敏：《养猪农户采用安全兽药行为的意愿分析——以四川为例》，《农业技术经济》2007 年第 1 期。

③ 林新仁、林国忠、李军山：《谈我国现阶段猪肉中的兽药残留现状》，《猪业科学》2012 年第 9 期。

对病死猪处理而言，由于病死猪本身携带大量病原微生物，若病死猪非法流入市场，将对食用者的身体健康造成严重危害。此外，由于病死猪体内含有大量传染病原以及代谢物质，如不经过妥善处理，容易传染其他生猪，造成疫病扩散。②因此，病死猪的处理行为对猪肉的安全极其重要。自黄浦江死猪事件发生后，政府对病死猪进行了严格管理，进一步落实了病死猪无害化处理的补贴政策。但是，由于技术和资金的限制，在目前的生猪养殖过程中，仍存在简单填埋病死猪甚至丢弃病死猪的现象，给猪肉制品的安全埋下隐患。尽管目前大部分养殖户表示对病死猪进行深埋处理，但由于技术或知识有限，或鉴于成本因素，往往填埋不符合标准，难以达到控制疾病传播、保护卫生环境的要求。

二、影响猪肉质量的关键生产行为

根据食品质量风险的来源，猪肉的质量风险包括品种风险、环境风险、动物福利风险、生产和管理风险等。表 2.6 概括了生猪养殖环节影响猪肉质量的关键生产行为。

表 2.6　影响猪肉质量的危害来源以及关键控制点

环节	风险来源	潜在危害	危害是否显著	判定依据	关键控制点
种猪引进	品种风险	劣质种猪代替优良种猪	是	品种的不同可能影响猪肉的品质	是
	环境风险	环境变化造成的应激反应	否	应激反应可能影响猪肉品质，时间较短易恢复	否

② 倪永付:《病死猪肉的危害、鉴别及控制》,《肉类工业》2012 年第 11 期。

续表

环节	风险来源	潜在危害	危害是否显著	判定依据	关键控制点
种猪引进	动物福利风险	鞭打驱赶种猪带来应激反应	是	应激反应可能影响猪肉品质，时间较短可恢复	否
	管理风险	对种猪信息没有进行归档记录	是	信息记录不全不利于管理和追溯	是
仔猪培育、生长猪育肥	品种风险	病猪、劣等仔猪代替优等品种仔猪	是	品种的不同可能影响猪肉的品质	是
	环境风险	空间环境、气候环境、噪音环境等非有机的、生态的生长环境代替有机的、生态的生长环境	是	生长环境的不同可能导致猪肉品质的不同	是
	动物福利风险	不能满足动物获取食物、水等基本的生理需要以及获取必要的活动空间和基本心理关爱的需要	是	动物福利的不同可能导致猪肉品质的不同	是
	管理风险	耳标佩戴、记录，对养殖信息没有做到可追溯化	是	信息记录不全不利于管理和追溯	是
上市	品种风险	劣质品种代替优良品种出售	是	品种的不同可能影响猪肉的品质	是
	环境风险	环境变化造成的应激反应	否	应激反应可能影响猪肉品质，时间较短易恢复	否
	动物福利风险	鞭打、驱赶生猪带来应激反应	是	应激反应可能影响猪肉品质，时间较短可恢复	否

注：危害判断依据的法律法规包括：《中华人民共和国动物防疫法》、《农产品安全质量无公害禽肉安全要求（GB18406.3—2001）》以及《生猪控制点与符合性规范（GB/T20014.9—2008）》等。

具体而言，影响猪肉质量的危害来源可以从三个阶段进行分析。[①] 第一个阶段是种猪的引进阶段。由于猪肉的品质可以通过猪肉的颜色、味道、嫩度和系水力等感官指标进行衡量，[②] 因此在引种阶段，品种的选择直接关系到猪肉的品质和健康程度。默里等（Murray et al.）认为，种猪的基因对猪肉质量的影响因品种的不同而不同，不同品种的猪肉其在嫩度、系水力等方面的表现也不尽相同。[③] 此外，在引种阶段，环境的变化以及管理不当所造成的生猪应激反应也会对猪肉的品质造成影响。第二个阶段是仔猪的培育以及生长猪的育肥阶段，也称喂养阶段。在喂养阶段，喂养行为将影响动物的性能、胴体组成以及猪肉制品的感官品质。[④] 有研究发现，屠宰时生猪储存的肌肉糖原可以通过喂养行为改变。[⑤] 尽管生猪的品种对猪肉的品质有很大决定作用，但对于同一品种的仔猪，其品质也受育种方式、繁殖方式、管理方式以及生产系统的影响。由于喂养阶段是生猪的主要生长阶段，因此，这一过程中生猪所处的生长环境，例如空间、气候、温度、湿度、噪音、生态环境等，以及生猪所享的动物福利，例如基本的生理需求和心理需求等将对猪肉的品质产生重要的影响。[⑥] 此外，生长猪的培育阶段的档

① S. V. Rodriguez, L. M. Pla, J. Faulin, "New Opportunities in Operations Research to Improve Pork Supply Chain Efficiency", *Annals of Operations Research*, Vol.219, No.1, 2014.

② 刘召云、孙世民、王继永：《优质猪肉供应链中屠宰加工企业对猪肉质量安全的保障作用分析》,《世界农业》2008 年第 11 期。

③ A. Murray, W. Robertson, F. Nattress, et al., "Effect of Pre-slaughter Overnight Feed Withdrawal on Pig Carcass and Muscle Quality", *Canadian Journal of Animal Science*, Vol.81, No.1, 2001.

④ B. Lebret, P. Massabie, R. Granier, et al., "Influence of Outdoor Rearing and Indoor Temperature on Growth Performance, Carcass, Adipose Tissue and Muscle Traits in Pigs, and on the Technological and Eating Quality of Dry-cured Hams", *Meat Science*, Vol.62, No.4, 2002.

⑤ K. Rosenvold, H. N. Laerke, S. K. Jensen, et al., "Manipulation of Critical Quality Indicators and Attributes in Pork through Vitamin E Supplementation, Muscle Glycogen Reducing Finishing Feeding and Pre-slaughter Stress", *Meat Science*, Vol.62, No.4, 2002.

⑥ J. Hansen-Moeller, J. R. Andersen, "Boar Taint-analytical Alternatives", *Daenisches Forschungsinstitut fuer Fleischwirtschaft, Roskilde (Germany)*, Vol.74, 1994.

案管理也直接影响猪肉的品质和质量。[1] 对于生产管理而言，生猪耳标的佩戴，档案信息的管理，是降低生产管理风险，提高养殖信息透明度的有效方法。第三个阶段是商品猪的上市阶段，这一阶段造成猪肉质量问题的危害来源主要是生猪在出栏过程中遭受驱赶、环境突变带来的应激反应。

劣质品种代替优质品种造成的品种风险贯穿于整个生猪养殖环节，这是导致猪肉质量问题中以次充好、以劣代良等欺诈风险的最主要来源。随着消费者对绿色生产和环境保护观念的提升，环境风险也成为影响猪肉质量的主要因素。[2] 养殖业环境污染最直接的来源是粪便、污水的排放和兽药、添加剂的残留。[3] 近年来生猪养殖业集约化的生产模式以及养殖户不规范的生产行为是养殖业环境污染的主要成因。[4] 生猪的污水粪便不仅对生态环境造成污染，而且反过来影响生猪的生长环境，造成空气中温度、湿度以及气味的变化，影响猪肉的品质，甚至有可能形成有害菌群，影响猪肉的安全。[5] 因此，综上所述，生猪养殖环节影响猪肉质量风险的关键生产行为主要体现在品种选择，污水粪便处理，养殖档案管理以及动物福利上。

猪肉的质量安全贯穿于“农田到餐桌”的各个环节，涉及养殖、屠宰、加工、运输、销售等多个环节的生产行为。作为供应链源头的生

---

① R. Dantzer, “Research on Farm Animal Transport in France: A Survey” ,*Current Topics in Veterinary Medicine & Animal Science*, Vol.18,1982.

② E. Camacho-Cuena, T. Requate, “The Regulation of Non-point Source Pollution and Risk Preferences: An Experimental Approach” , *Ecological Economics*, Vol.73, 2012.

③ 林启才、杜利劳、张振文：《陕西省畜禽养殖业污染成因及防治问题研究》，《陕西农业科学》2014 年第 6 期。

④ 张维理、武淑霞、冀宏杰等：《中国农业面源污染形势估计及控制对策，21 世纪初期中国农业面源污染的形势估计》，《中国农业科学》2004 年第 7 期。

⑤ 梁流涛、冯淑怡、曲福田：《农业面源污染形成机制：理论与实证》，《中国人口·资源与环境》2010 年第 4 期。

猪养殖环节，是保障猪肉质量安全的基础环节。规范养殖户的生产行为是保障下游产品质量安全的前提。养殖户的生产行为体现在投入品采购、疫病防控、档案管理、生产方式、动物福利、环境维护等多个方面，只有在各个方面符合规范进行生产才能保障猪肉的质量安全。[①]而在养殖户的诸多生产行为中，诸如兽药、饲料添加剂等投入品的不当使用将在源头上导致猪肉的安全问题。因此，保障猪肉的安全，首先要确保投入品的规范使用。在此基础上，养殖户对仔猪品种的选择、养殖档案的管理、污水粪便的处理以及对动物福利的态度则进一步决定了猪肉的质量。只有控制好这些关键的生产行为，才能在安全和质量两个方面控制猪肉可能存在的危害，满足消费者的需求。

第三节　影响生猪养殖户生产行为的主要因素

已有研究认为，养殖户的生产行为受到个体特征、生产特征、外部环境等多种因素的影响。具体而言，养殖户的个体特征包括性别、年龄、受教育程度、认知程度、养殖年限、家庭人口数、家中是否有未成年孩子等。[②]养殖户的年龄以及养殖年限负向影响养殖户的生产行为，而养殖户的受教育程度以及认知水平则对规范养殖户的生产行为具有显著促进作用。生产特征则包括养殖规模、专业化程度、养殖场距交易市场的距离、养殖劳动力占家庭人口数比、养殖收入占家庭总

① 孙世民：《基于质量安全的优质猪肉供应链建设与管理探讨》，《农业经济问题》2006年第4期。

② 吴秀敏：《养猪户采用安全兽药的意愿及其影响因素——基于四川省养猪户的实证分析》，《中国农村经济》2007年第9期。

收入比等。[①]在生产经营特征因素上，养殖规模是一个颇具争议的因素，其影响方向不仅因不同的生产行为而不同，而且表现出非线性的关系。距离城镇的远近以及从业人数也是影响养殖户生产行为的重要因素。外部环境主要是指政策环境、市场环境和技术环境三个方面的因素，[②]例如政府的补贴或规制政策、市场的价格和销售情况以及相关的技术支持等。[③]相对于个体特征和生产特征等内在因素而言，外部因素诸如市场环境、政策环境与技术环境对养殖户的影响则更为复杂。养殖户采取不规范的生产行为往往是受市场利益的刺激，追求更高的销售价格，但事实上却并未因此获得预期的收益。相关的产业组织以及宣传培训对规范生产行为的效果也并未达到预期，有些政府的政策甚至可能起到相反的效果。因此，影响养殖户生产行为的因素较为复杂，不仅视不同的行为而不同，即使对同一个行为，也要具体问题具体分析。接下来本书就从个体特征、生产特征以及外部环境这三个方面具体分析影响养殖户生产行为的主要因素。

一、个体特征因素

养殖户的年龄对其生产行为具有负向影响。例如，黄延珺对江苏省生猪养殖户饲料选择行为的研究结果显示，养殖户的年龄越大，选择配合饲料的意愿越低。[④]钟杨等对四川省生猪散养户采用绿色饲料添

---

① 胡浩、张晖、黄士新：《规模养殖户健康养殖行为研究——以上海市为例》，《农业经济问题》2009年第8期。

② 孙世民、李娟、张健如：《优质猪肉供应链中养猪场户的质量安全认知与行为分析——基于9省份653家养猪场户的问卷调查》，《农业经济问题》2011年第3期。

③ 吴学兵、乔娟：《养殖场（户）生猪质量安全控制行为分析》，《华南农业大学学报》（社会科学版）2014年第1期。

④ 黄延珺：《江苏省养猪户饲料选择行为微观影响因素的实证研究》，《现代农业科技》2009年第3期。

加剂行为的研究也表明，年龄越大的养殖户采用绿色饲料添加剂的可能性越低。[①] 张雅燕通过对江西省养殖户病死猪无害化处理行为的研究发现，养殖户的年龄与其进行无害化处理的行为负相关。[②] 克鲁斯（Kruse）认为性别是影响养殖户对待动物福利态度的重要因素，一般而言，相对于男性，女性对动物有更强烈的情感，因而对待动物福利的态度相对更积极。[③]

养殖户的受教育程度以及对安全生产的认知程度是影响其生产行为的重要因素，养殖户的受教育程度越低、对安全生产的认知程度越低，采取不规范生产行为的可能性越大。浦华和白裕兵对辽宁、山东两省养殖户使用限用兽药行为的分析表明，文化程度是影响养殖户使用限用兽药的主要因素，文化程度越低，使用限用兽药的可能性越大。[④] 邬小撑等通过调研数据对养殖户抗生素的使用行为进行了详细研究，结果表明生猪养殖户对违禁药物以及抗生素休药期等知识的了解程度较低，从而导致猪肉的质量安全得不到有力保障。[⑤] 吴林海和谢旭燕对江苏阜宁的调查也发现，文化水平低、对兽药残留的认知度低是导致养殖户不规范使用兽药的主要原因。[⑥] 此外，受教育程度还影响养殖户建立养殖档案，并记录用药情况的意愿。对可追溯的了解程度也正向

---

① 钟杨、孟元亨、薛建宏：《生猪散养户采用绿色饲料添加剂的影响因素分析——以四川省苍溪县为例》，《农村经济》2013年第3期。

② 张雅燕：《养猪户病死猪无害化处理行为影响因素实证研究——基于江西养猪大县的调查》，《生态经济》（学术版）2013年第2期。

③ C. R. Kruse, "Gender, Views of Nature, and Support for Animal Rights", *Society & Animals*, Vol.7, No.3, 1999.

④ 浦华、白裕兵：《养殖户违规用药行为影响因素研究》，《农业技术经济》2014年第3期。

⑤ 邬小撑、毛杨仓、占松华：《养猪户使用兽药及抗生素行为研究——基于964个生猪养殖户微观生产行为的问卷调查》，《中国畜牧杂志》2013年第14期。

⑥ 吴林海、谢旭燕：《生猪养殖户兽药使用行为的主要影响因素研究——以阜宁县为案例》，《农业现代化研究》2015年第4期。

影响养殖户的档案记录行为。[①] 廖等（Liao et al.）的研究也证实，农户的受教育程度越高，对农业与食品可追溯项目的了解程度则越深，从而参与可追溯的意愿则越强烈。[②]

养殖户的养殖年限与养殖户的生产行为具有相关性，通常情况下，养殖户的养殖年限越长，其养殖经验越丰富，受传统的养殖模式的影响越倾向于凭经验进行生产。因此，养殖年限对养殖户的生产行为通常呈现负向影响。钟等（Zhong et al.）对江苏、安徽两省生猪养殖户安全生产行为的研究表明，养殖户的养殖年限越长，其对生猪养殖的饲养方法，受传统经验的影响越深，对焚化、深埋等处理病死猪的新技术接受能力越有限，对饲料、添加剂以及兽药的使用方面也易倾向于凭借自己的经验。因此，养殖年限对养殖户的安全生产行为具有负向影响。[③] 也有研究认为，养殖年限对养殖户的动物福利态度具有积极的影响。[④]

二、生产特征因素

养殖规模对养殖户生产行为的影响方向不确定，不仅视不同的生产行为而定，即使是同一种生产行为，养殖规模与其也不是简单的线性关系。杨光和肖海峰对不同规模的生猪养殖户饲料需求行为的研究表明，大规模生猪养殖户使用工业饲料的比重相对较低，80% 的养殖

① 周洁红、李凯：《农产品可追溯体系建设中农户生产档案记录行为的实证分析》，《中国农村经济》2013 年第 5 期。

② P. A. Liao, H. H. Chang, C. Y. Chang, “Why is the Food Traceability System Unsuccessful in Taiwan? Empirical Evidence from a National Survey of Fruit and Vegetable Farmers”, *Food Policy*, Vol.36, No.5, 2011.

③ Y. Q.Zhong, Z. H.Huang, L. H.Wu, “Identifying Critical Factors Influencing the Safety and Quality Related Behaviors of Pig Farmers in China”, *Food Control*, Vol.73, 2017.

④ M. M. V.Huik, B. B.Bock, “Attitudes of Dutch Pig Farmers towards Animal Welfare”, *British Food Journal*, Vol.109, No.11, 2006.

户采用浓缩饲料、玉米、豆粕和糠麸等自行配制的饲料饲喂；中等规模的养殖户使用工业饲料的比重反而更高。[①] 王瑜和应瑞瑶对江苏省养殖户的调查发现，养殖规模对养殖户药物添加剂的使用行为有较大的负向影响。[②] 兽药使用行为方面，吴林海和谢旭燕的研究发现，养殖规模在30头以上的中小规模养殖户发生超量使用兽药、人药兽用等不规范生产行为的概率反而显著高于养殖规模不足30头的散养户。[③] 孙若愚和周静的研究则发现，养殖规模越小的养殖户，其生产行为越随意，对疫病的防治越带有主观随意性，因而兽药使用的行为越不规范。[④] 养殖规模与养殖户无害化处理行为之间并非是简单的线性关系，当养殖规模在500头以下时，养殖规模正向影响养殖户的安全生产行为，而当养殖规模超过500头时，养殖规模对养殖户病死猪处理行为的影响则逐渐减弱，甚至不再影响。[⑤] 彭玉珊等的研究则表明，专业养殖户比规模化养殖场更愿意实施安全的养殖方式。[⑥] 李立清和许荣对养殖户病死猪处理行为的研究也发现，规模养殖户更愿意选择无害化处理病死猪，但无害化处理的概率随规模的增加表现出先增后减的关系。[⑦]此外，养殖规模也是影响养殖户对动物福利态度的主要因素之一，考珀宁等

---

① 杨光、肖海峰：《我国生猪养殖户饲料需求行为分析——基于对辽宁、河北生猪养殖户的问卷调查》，《技术经济》2010年第4期。

② 王瑜、应瑞瑶：《养猪户的药物添加剂使用行为及其影响因素分析——基于垂直协作方式的比较研究》，《南京农业大学学报》（社会科学版）2008年第2期。

③ 吴林海、谢旭燕：《生猪养殖户兽药使用行为的主要影响因素研究——以阜宁县为案例》，《农业现代化研究》2015年第4期。

④ 孙若愚、周静：《基于损害控制模型的农户过量使用兽药行为研究》，《农业技术经济》2015年第10期。

⑤ 吴林海、许国艳、Hu Wuyang：《生猪养殖户病死猪处理影响因素及其行为选择——基于仿真实验的方法》，《南京农业大学学报》（社会科学版）2015年第2期。

⑥ 彭玉珊、孙世民、陈会英：《养猪场（户）健康养殖实施意愿的影响因素分析——基于山东省等9省（区、市）的调查》，《中国农村观察》2011年第2期。

⑦ 李立清、许荣：《养殖户病死猪处理行为的实证分析》，《农业技术经济》2014年第3期。

（Kauppinen et al.）的研究发现，养殖户人道对待动物的行为与断奶的仔猪数量正相关。[①] 但也有研究认为，养殖规模越大，给生猪提供的空间越小，出于经济利益的驱使，动物的环境福利将会恶化。[②]

距离城镇的远近是影响养殖户病死猪处理行为的另一个因素：距离城镇越远的养殖户，越倾向于丢弃与出售病死猪。从业人数以及养殖收入也是影响养殖户生产行为的重要原因，从事生猪养殖的劳动力占家庭人口数的比例越高，使用限用兽药的可能性越高。[③] 而生猪养殖户的养殖收入占家庭总收入的比重越高，对待动物环境福利的态度反而越积极。[④] 另外，生猪养殖收入占家庭总收入的比重越高，在仔猪的选择和购买时越倾向于优质品种的仔猪，[⑤] 并且更愿意加入农业与食品的可追溯项目，记录生产与养殖的相关信息。

三、外部环境因素

市场及产业组织模式在一定程度上影响养殖户的生产行为。养殖户过量使用兽药的原因是受到产量和市场价格的影响，是为了追求更高的销售价格，然而事实上过量使用兽药并没有使其获得预期收益。由此，孙若愚和周静建议发挥市场组织的引导作用，完善市场保障机制，规范养殖户的生产行为。[⑥] 刘军弟等对江苏省养殖户防疫意愿的调

---

① T.Kauppinen, K. M.Vesala, A.Valros, “Farmer Attitude toward Improvement of Animal Welfare is Correlated with Piglet Production Parameters”, *Livestock Science*, Vol.143, No.2–3, 2012.

② D.Fraser, “Animal Welfare and the Intensification of Animal Production”, *Fao Readings in Ethics*, Vol.12, 2005.

③ 浦华、白裕兵：《养殖户违规用药行为影响因素研究》，《农业技术经济》2014 年第 3 期。

④ 吴林海、吕煜昕、朱淀：《生猪养殖户对环境福利的态度及其影响因素分析：江苏阜宁县的案例》，《江南大学学报》（人文社会科学版）2015 年第 2 期。

⑤ 任成云：《生猪的健康高效养殖技术》，《农业技术与装备》2014 年第 11 期。

⑥ 孙若愚、周静：《基于损害控制模型的农户过量使用兽药行为研究》，《农业技术经济》2015 年第 10 期。

查发现，养殖户是否参加产业化组织以及产业化组织是否提供培训等服务是影响养殖户防疫意愿的重要因素。[①] 王瑜对江苏省生猪养殖户使用药物添加剂行为的研究也发现，加入合作组织对规范养殖户的行为具有正向影响，但对不同规模的养殖户影响不同：合作组织对规范小规模养殖户的生产行为具有重要作用，但对中等规模以及大规模养殖户的行为影响并不显著。[②] 尽管合作组织和政府宣传有助于改善养殖户的生产行为，但由于现有的合作组织并未发挥应有的作用，政府宣传的支持力度也不够，不足以影响养殖户的生产行为决策，所以养殖户更多的还是依据自身的认识和生产条件作出决策。[③] 孙若愚和周静的研究也证实了这一观点。但产业组织的形式显著影响生猪养殖户参与可追溯体系的意愿，相对于未加入合作社的养殖户，加入合作社的养殖户更愿意对养殖信息进行记录。[④]

政府政策方面，政府规范是养殖户安全生产的重要因素，但对不同的政府政策，其规制效果不尽相同。古德休等（Goodhue et al.）认为，相对于农药施用的强制管制方案，对农户进行农药施用教育将是一个有效的政策工具，有助于降低违禁农药的施用量。[⑤] 而孙若愚和周静则认为强制免疫、售前检验检疫政策对规范养殖户使用兽药的行为

① 刘军弟、王凯、季晨：《养猪户防疫意愿及其影响因素分析——基于江苏省的调查数据》，《农业技术经济》2009 年第 4 期。

② 王瑜：《养猪户的药物添加剂使用行为及其影响因素分析——基于江苏省 542 户农户的调查数据》，《农业技术经济》2009 年第 5 期。

③ 孙世民、张媛媛、张健如：《基于 Logit-ISM 模型的养猪场（户）良好质量安全行为实施意愿影响因素的实证分析》，《中国农村经济》2012 年第 10 期。

④ 刘增金、乔娟、吴学兵：《纵向协作模式对生猪养殖场户参与猪肉可追溯体系意愿的影响》，《华南农业大学学报》（社会科学版）2014 年第 3 期。

⑤ R. E. Goodhue, K. Klonsky, S. Mohapatra, "Can an Education Program be a Substitute for a Regulatory Program that Bans Pesticides? Evidence from a Panel Selection Model", *American Journal of Agricultural Economics*, Vol.92, No.1, 2011.

具有显著的促进作用。政府规制水平越高或约束力越大，养殖户的生产行为则越趋于理性。[①] 刘万利等认为政府的支持是影响养殖户规范使用兽药的最主要因素之一，政府的技术支持和资金支持越多，养殖户使用安全兽药的意愿越强烈。[②] 政府的培训政策对农户的档案记录行为也具有显著的正向影响。[③] 也有观点认为，政府政策未能促进规范养殖户的生产行为。例如，卢志波认为国家的补贴只会刺激不理性的因素，在一定程度上，对生猪实行补贴可能会加大养殖户对于激励政策的依赖性，加大"道德风险"发生的概率。[④] 张跃华和邬小撑的研究也发现，政府培训对养殖户出售病死猪反而具有显著的正向影响。[⑤] 可能的原因是接受政府培训的养殖户对食品安全监管的力度比较了解，知道被惩罚的可能性低，因此出售病死猪的投机行为的可能性更高。这与吴秀敏的研究结论相似。

外部技术的支持不仅影响养殖户的病死猪处理行为，同时对规范养殖户的档案记录行为、完善养殖信息也具有重要影响。例如卡巴西等（Kalbasi et al.）对病死猪的处理技术进行了研究，认为好氧发酵（Composting）技术的推广有利于规范养殖户对病死猪进行无害化处理，保护地下水源和食品的安全。[⑥] 是否有病死猪处理厂则直接影响养殖户

---

① 王海涛：《产业链组织、政府规制与生猪养殖户安全生产决策行为研究》，南京农业大学，博士学位论文，2012 年，第 67 页。

② 刘万利、齐永家、吴秀敏：《养猪农户采用安全兽药行为的意愿分析——以四川为例》，《农业技术经济》2007 年第 1 期。

③ 周洁红、李凯：《农产品可追溯体系建设中农户生产档案记录行为的实证分析》，《中国农村经济》2013 年第 5 期。

④ 卢志波：《养殖场和基层政府对能繁母猪补贴无好感》，《南方农村报》2011 年 7 月 19 日。

⑤ 张跃华、邬小撑：《食品安全及其管制与养猪户微观行为——基于养猪户出售病死猪及疫情报告的问卷调查》，《中国农村经济》2012 年第 7 期。

⑥ A. Kalbasi, S. Mukhtar, S. E. Hawkins, et al., "Carcass Composting for Management of Farm Mortalities: A Review", *Compost Science & Utilization*, Vol.13, No.3, 2005.

对病死猪的处理行为，通常而言，病死猪处理厂的存在使得没有能力独自处理病死猪的养殖户更愿意采取无害化处理病死猪的方式。[①] 而外部技术支持也是促进养殖户参与可追溯体系，记录养殖信息的重要因素。[②] 郑等(Zheng et al.)以及潘丹的研究都发现，技术支持能够显著提高养殖户环境友好地处理污水粪便的意愿。[③]

第四节　对已有研究的简要评述

目前，国内外学者对食品质量安全问题的研究已有较为丰富的成果，归纳起来，现有的研究主要集中在以下几个方面：首先，厘清食品质量安全的概念，对食品质量、食品安全、食品卫生等与食品质量安全相关的概念进行详细辨析，这是研究食品质量安全问题的前提；其次，分析食品质量安全问题的成因，从经济学、社会学、心理学、法律学等不同的学科以及交叉学科的角度探究引发食品质量安全问题出现的内外部因素，从经济学的角度上来看，信息不对称是食品质量安全出现问题的主要原因，因此，学者们就信息不对称问题展开了大量研究；最后，探讨解决食品质量安全问题的有效方法，从政府监管到垂直一体化，从认证标签到可追溯体系，学者们围绕不同的解决方案从生产者和消费者的参与度、有效性等方面进行详细地分析。

① Y. Q. Zhong, Z. H. Huang, L. H.Wu, "Identifying Critical Factors Influencing the Safety and Quality Related Behaviors of Pig Farmers in China", *Food Control*, Vol.73, 2017.

② B. L. Buhr, "Traceability and Information Technology in the Meat Supply Chain: Implications for Firm Organization and Market Structure", *Journal of Food Distribution Research*, Vol.34, No.3, 2003.

③ C. Zheng, Y.Liu, B. Bluemling, et al., "Environmental Potentials of Policy Instruments to Mitigate Nutrient Emissions in Chinese Livestock Production", *Science of Total Environment*, Vol.502, No.1, 2015. 潘丹：《基于农户偏好的牲畜粪便污染治理政策选择——以生猪养殖为例》，《中国农村观察》2016年第2期。

由于关于食品质量安全问题方面的研究已相对成熟，因此，需要从一个新的视角去寻找对这一问题进行深入研究的突破口。

第一，当前对食品质量安全的研究多从食品安全单一的角度进行分析，在研究时较少将质量安全的概念细化到属性的层面，将将食品质量安全所包含的不同属性纳入整体的框架中进行分析。因此，将食品安全与食品质量进行区分，就风险来源的不同将二者对应的风险行为纳入分析框架之中，更有利于厘清食品质量安全的概念，更准确地从更深层次对这一问题进行分析。

第二，现有的研究仅针对单一的行为进行分析，事实上，食品的质量安全是多个生产行为共同作用的结果，只有各个生产行为均符合规范，才能保证食品的质量安全。然而在现实中，鉴于生产行为的多样性，不可能对每一个行为都面面俱到地进行分析。因此，借助危害分析与关键控制点的理念，从食品质量安全风险的来源入手，找出影响食品质量安全的关键点，厘清影响食品质量与食品安全的关键行为，有助于更为全面地、具体地对影响食品质量安全生产行为的主要影响因素进行分析。

基于上述分析，本书中的食品质量安全是一个区别于食品安全的概念，既考虑满足食品最基本的安全属性，又探讨更高层次的食品质量问题，并且，本书探讨的食品质量安全不是一个抽象的概念，而是一个包含具体属性的概念。具体而言，在结合食品质量安全风险以及危害来源分析的基础上，它既包括化学、生物、微生物、物理等风险导致的食品安全问题，也包括环境、生产过程、管理等风险导致的食品质量问题。对应于猪肉的质量安全而言，主要体现在生猪养殖环节中影响猪肉质量安全的八个关键生产行为上。这一部分的分析，不仅确定了本书研究的基本范畴，也为后面实证回归的因变量设置提供了文献支撑，是研究的基础。在文献综述的最后部分，本书对影响生猪养殖户生产行为的主要因素进行了归纳和探讨，这一部分既是后文实证回归中自变量设置的文献依据，也揭示了各项影响因素对生产行为作用的复杂性，为本书进行分类别讨论，多角度分析提供了一定的启示。

由于生产者采取不规范的生产行为多数是源于经济利益的激励，经济学家在研究生产者不规范的生产行为时，往往置于委托—代理模型的分析框架下进行，通过设计激励相容机制，给予生产者一定的激励，引导生产者采取规范的生产行为。因此，本书对引发食品质量安全问题的生产行为的研究，也是基于委托—代理模型，从设计有效的激励相容机制开始进行分析的。接下来的一章将对经典的委托—代理模型进行回顾，并在标准的二元委托—代理模型的基础上，考虑食品质量安全风险的特殊性，提出适用于分析食品质量安全问题的委托—代理模型。

第三章　生产者行为分析的理论基础

以舒尔茨（Schultz）为代表的“理性小农学派”认为，农户的行为符合理性经济人的假设，其目的是追求利润最大化，在面对预算约束、成本投入、生产要素价格波动以及可能的风险时，依据经济利益最大化目的作出积极的反应。在传统的理性经济人假设下，农户的生产行为受利润最大化的驱使，可能出现不规范的生产行为，而食品市场信息不对称的特性，增加了这种不规范的生产行为带来的利益，加大了不规范的生产行为出现的可能性。由此可见，信息不对称是造成食品质量安全问题出现的主要原因。因此，本章的分析围绕信息不对称展开，从信息经济学的角度就食品质量安全风险的成因及其相关理论进行了研究：首先，归纳了信息不对称的类型以及分析不对称问题相对应的模型。其次，针对食品质量安全问题，对逆向选择理论与信号传递机制进行了分析。再次，针对食品供应链中隐藏行动的道德风险问题，从回顾一个经典的委托—代理模型开始，构建分析食品供应链中养殖户生产行为的委托—代理模型。最后，根据利润最大化的假设，探究了影响生产者行为决策的主要因素，作为之后实证分析的基础。

第一节　信息经济学与信息不对称

信息经济学存在两条基本的研究主线，一条主线是指宏观信息经济学的研究范畴，主要研究“信息”这类商品的生产、流通以及经济效益的实现等问题，又称“情报经济学”。另一条主线则是从微观经济学的角度出发，解决微观经济学中“不完全信息”的问题。本书所参考的理论是微观信息经济学的一部分。微观信息经济学是在放松传统经济学的基本假设“市场上从事经济活动的主体都对有关经济情况具有完全的信息”这一背景下产生的，采用不完全信息的假设来修正传统经济学中信息是完全和确知的假设。因此，更能贴近实际，解决传统的新古典经济学所忽略的问题。

信息不对称可以看作是信息不完全的特殊情况，是指交易双方的其中一方比另一方掌握更多的信息。依据信息不对称发生的时间和不对称信息的内容，可将信息不对称进行更详细的区分。根据信息不对称发生的时间，可分为事前不对称与事后不对称。事前不对称是指不对称发生在当事人签约之前，研究事前不对称信息博弈的模型通常被称为逆向选择模型（Adverse Selection Model）。事后不对称则描述不对称的信息产生于当事人签约之后，即通常所说的道德风险（Moral Hazard）问题。不对称信息的内容可以是参与者的行动，也可以是参与者的知识。研究不可观测的行动通常采用隐藏行动模型（Hidden Action Model），研究不可观测知识的模型则采用隐藏知识模型（Hidden Knowledge Model）。[①]根据以上归纳，信息经济学将信息不对称问题进行

① 张维迎:《博弈论与信息经济学》，上海人民出版社 2012 年版，第 236—238 页。

了以下分类，如表 3.1 所示。

表 3.1 信息不对称的分类

	隐藏行动	隐藏信息
事前		逆向选择模型
		信号传递模型
		信息甄别模型
事后	隐藏行动的道德风险模型	隐藏信息的道德风险模型

资料来源：张维迎：《博弈论与信息经济学》，上海人民出版社 2012 年版，第 236—238 页。

逆向选择模型，属于自然选择代理人的类型，代理人清楚自己的类型，但委托人不清楚自己的类型，因此信息是不完全的。不对称的信息产生于委托人和代理人签订合同之前。典型的例子是买卖双方的关系，卖方（代理人）对产品的质量比买方（委托人）更为了解。

信号传递模型，同样属于自然选择代理人的类型，由于委托人不清楚自己的类型，而代理人清楚自己的类型，为了显示自己的类型，代理人可以选择发出某种信号，委托人在观察到代理人发出的信号之后与之签订合同。在产品交易中，对自己产品拥有更多信息的卖方（代理人），可以通过担保或者提高价格的形式向买方传递自己产品质优的信息，买方（委托人）依据卖方提供的信息作出选择，可以看作是一种信号传递的例子。

信息甄别模型，仍属于自然选择代理人的类型，委托人不清楚自己的类型，但可以向代理人提供多个合同供其选择，由于代理人清楚自己的类型，可以根据自己的类型选择一个最合适的合同，并根据合同来选择自己的行动。典型的例子是保险公司与投保人之间的关系，投保人清楚自己的情况，保险公司不清楚，保险公司针对不同类型的投保人制订不同种类的保险合同，投保人根据自己的风险情况选择合适的保险合同，并选择相应的行动。

隐藏行动的道德风险模型，信息在签约之前是对称的，在签约之后，代理人选择行动，而自然“选择”状态（the State of the World），代理人的行动和自然状态一起决定某些可观测的结果。由于委托人不能直接观测代理人的行动或自然状态（即隐藏行动），只能观测到结果，因此信息是不完全的。委托人为使所得利益最大化，设计一个激励合同，促使代理人选择能够最大化委托人利益的行动，而代理人的选择，也是基于自身利益最大化作出的。典型的例子是企业与员工的关系，企业主无法观测员工是否努力工作，但可以通过产量间接推断员工的工作情况，从而制订与产量相挂钩的激励报酬，或叫绩效工资。

隐藏信息的道德风险模型，在签约之前，信息是对称的，在签约之后，自然“选择”状态，代理人观测到自然状态，选择自己的行动，委托人不能观测到自然状态（即隐藏信息），只能观测到代理人的行动，因此信息是不完全的。委托人为了使自己获得最大收益，设计一个激励合同，促使代理人在给定的自然状态下选择最大化委托人利益的行动，代理人的选择，也是基于自身利益最大化作出的。典型的例子是经理与销售人员的关系，销售人员清楚顾客的特征，经理不清楚，经理设计一个激励合同，促使销售人员针对不同的顾客选择不同的销售策略，以最大化经理的效用。

尽管信息经济学家对不同类型的信息不对称问题进行了区分，并对应不同的模型进行分析，然而，多数情况下往往不进行如此细致的区分。通常，信息经济学把博弈双方中拥有私人信息的一方称为“代理人”，而没有私人信息的一方则称为“委托人”。因此，信息经济学的所有模型都可以在委托—代理（Principal and Agent Model，PA Model）模型框架下进行分析。

此外，对于信息经济学家而言，通常把委托—代理模型作为隐藏行动的道德风险模型的别称。因此，一般可将信息经济学的模型简化为两类，即逆向选择模型和委托—代理模型。接下来，本章首先解释食品行业中的逆向选择与信号传递问题；然后从一个经典的委托—代理模型入手，分析信息不完全情况下生产者的行为模式；最后再根据食品供应链中的特殊性，构建适用于分析食品供应链中不规范生产行为的委托—代理模型。

第二节　逆向选择与信号传递

阿克洛夫（Akerlof）开创了逆向选择理论的先河，其旧车市场模型（柠檬市场模型，Lemons Model）概括了逆向选择理论的基本思想。[①] 对于食品市场而言，当食品安全的信息完全时，食品的安全属性与食品的功效、营养价值以及食品的数量属性一样，可以被消费者观测。那么，消费者可以按照不同的需求购买不同安全层次的食品。这种情况下，伊顿和利普西（Eaton and Lipsey）对质量差异化产品分析的方法，同样适用于食品安全的供给、需求以及均衡分析。[②] 但是，食品安全的信息通常是不完全的，在信息不完全的市场中，现有的研究认为，市场均衡取决于食品的属性、与消费者进行信息沟通的成本以及消费者

① G. A. Akerlof, "The Market for Lemons", *Journal of Economics*, Vol.7, No.16, 1970.

② B. C. Eaton, R. G. Lipsey, " Product Differentiation", *Handbook of Industrial Organization*, 1989.

获取信息、使用信息的能力。[1]根据上述信号传递模型的机理，当产品的质量信息在购买前是不完全时，消费者被置于购买质量不确定的产品的情形中，生产者可以通过收取高价来传递其高质量产品的信息。克莱因和莱弗勒（Klein and Leffler）认为，只要市场中有足够多的理性消费者需求高质量的产品，提供高质量产品的厂商就能够通过信息传递来获得相应的价格补偿。[2]对食品市场而言，在信息不对称的情况下，厂商可以通过许可证或者加贴标签的形式向消费者传递食品质量的信息，例如“绿色食品标签”“有机食品标签”等。对于转基因食品，监管机构也要求生产厂商在标签上予以标识。[3]但是，由于食品的特殊性，消费者不仅在购买之前难以分辨食品的质量，甚至是在消费之后，也无法确定食品中含有的化学或微生物成分，例如一些致癌物质，可能潜伏在人体数年或者数十年，难以被立刻感知。一些食源性致病原通常也会延迟发作，致使消费者无法确定是哪种食物造成的后果。这种情况下，通过标签或者许可证带来的信号传递机制就很容易失效，当标签以及声誉机制失效时，就会出现“柠檬市场”的问题，此时，阿克洛夫（Ackerloff）在1970年提出的旧车市场模型，在食品市场同样适用：价格低的劣质食品充斥市场，而价格高的高品质食品则被驱逐出市场。

食品市场中还存在一种特殊的情况，在某些时候，无论生产者还是消费者都存在不完全信息的问题。尤其是对于容易引起食源性疾病

---

① J. E. Stiglitz, “Imperfect Information in the Product Market”, *Handbook of Industrial Organization*, 1989.

② B. Klein, K. B. Leffler, “The Role of Market Forces in Assuring Contractual Performance”, *Journal of Political Economy*, Vol.89, No.4, 1981.

③ J. M. Antle, “Efficient Food Safety Regulation in the Food Manufacturing Sector”, *American Journal of Agricultural Economics*, Vol.78, No.5, 1996.

的肉类食品，某些情况下，很可能生产者和消费者都不清楚肉制品感染了食源性病原体。同样，对于兽药或化学药品残留超标的肉类食品而言，其携带的有毒有害物质也难以被检测出来。尤其是当前养殖环节普遍存在的滥用、不当使用添加剂以及兽药的行为，加剧了生产者和消费者的信息不完全问题。

奈特（Knight）对生产者和消费者的信息不对称问题进行了详细地研究，他认为当前食品市场上的信息不对称问题可分为两种情况。其一，尽管食品的质量和安全存在风险，但风险可以被生产者识别并通过风险交流机制传达给消费者，此类情况属于生产者与消费者之间的信息不对称问题，可以通过价格机制、声誉机制以及加贴标签等方式，向消费者传递信息从而消除两者之间的信息不对称。其二，奈特氏不确定性（Knightian Uncertainty）[①]。由于目前企业进行的质量检测通常都是抽样检测，目的多为检验原材料是否适用于特定的生产用途，难以对食品质量安全的各项指标作出全面的检测。对于猪肉加工企业而言，对猪肉进行全面的检测需要花费高昂的成本，即使检测成本不高，由于技术有限，也难以做到检测结果的完全准确。当微生物和化学检测不可靠时，或当某些病菌和化学污染与某些疾病的关系不确定时，无论生产者还是消费者都无法确定这种食品对健康的危害。在这种情况下，消费者无法确定其购买的食品质量是否满足其需求并不是源于一般意义上的信息不对称。因此，简单的经济和政治调控手段无法解决此类不对称问题，彻底消除信息不对称问题，需要依靠技术的手段。

食品是一种特殊的商品，具有经验品和信任品的特性，消费者在购买之前无法获取有关食品质量与食品安全的全部信息，由于食品信

① F. H. Knight, *Risk, Uncertainty and Profit*, Courier Corporation, 2012, p.232.

息的不完全导致食品生产者为追求利益最大化而采取的不规范生产行为，致使消费者蒙受经济、心理以及健康方面的损失，都可视为食品供应链上的道德风险问题。1995年，韦斯（Weiss）首先将信息不对称理论和道德风险问题应用于食品安全问题的研究。[①] 此后，埃尔巴沙和里格斯（Elbasha and Riggs）运用双重道德风险模型分析了不完全信息对食品安全的影响，并指出，食品信息的不完全导致劣质食品充斥市场，安全食品越来越少，甚至可能造成食品市场停止交易。[②] 汉尼斯等（Hennessy et al.）从激励相容机制的角度出发，指出食品信息交流在食品供应链中的重要性。[③] 希肖尔和穆斯霍夫（Hirschauer and Musshoff）利用修正的委托—代理模型分析了德国谷农的风险行为，并针对不同的情况设计激励相容机制以控制谷农遵守最短的休药间隔期。[④] 希肖尔等构建了分析食品供应链上的道德风险行为的理论框架，并引入声誉影响、社会规范以及社区压力等非物质激励的因素对道德风险行为的影响这一概念。[⑤] 斯塔伯德（Starbird）指出，农户对风险的态度、供应链中信息不对称的程度以及政府监管的强度是影响农户采取道德风险行为的重要因素。[⑥] 此外，农户投入品的可替代性，隐藏的机会成本以及

① M. D. Weiss, "Information Issues for Principal and Agents in the 'Market' for Food Safety and Nutrition", in J.A. Caswell (Eds.), *Valuing Food Safety and Nutrition*, University of Colorado Press, Boulder, CO, 1995, p.189.

② E. H. Elbasha, T. L. Riggs, "The Effects of Information on Producer and Consumer Incentives to Undertake Food Safety Efforts: A theoretical Model and Policy Implications", *Agribusiness*, Vol.19, No.1, 2003.

③ D. A. Hennessy, J. Roosen, J. A. Miranowski, "Leadership and the Provision of Safe Food", *American Journal of Agricultural Economics*, Vol.83, 2003.

④ N. Hirschauer, O. Musshoff, "A Game Theoretic Approach to Behavioral Food Risks: The Case of Grain Producers", *Food Policy*, Vol.32, No.2, 2007.

⑤ N. Hirschauer, M. Bavorova, G. Martino, "An Analytical Framework for a Behavioral Analysis of Non-compliance in Food Supply Chains", *British Food Journal*, Vol.114, No.8-9, 2012.

⑥ S. A. Starbird, "Moral Hazard, Inspection Policy, and Food Safety", *American Journal of Agricultural Economics*, Vol.87, No.1, 2005.

风险厌恶程度也是影响其采取机会主义行为的重要原因。[①] 接下来，本章在借鉴和吸收上述研究的基础上，从一个经典的委托—代理模型出发，探索适用于分析食品质量安全问题的委托—代理模型。

第三节 一个经典的委托—代理模型

一、模型假设

假设委托人 P 的效用函数为诺伊曼 - 摩根斯坦效用函数 $v(y-w)$，即委托人的效用并不直接取决于其他人的状态，$v'>0$，$v''\leqslant 0$，因此排除了风险引起的行为。同样，代理人 A 也拥有诺伊曼 - 摩根斯坦效用函数 $u(w,e)$，其中，w 表示委托人支付给代理人的工资，e 表示代理人付出的努力。$u_w>0$，$u_{ww}\leqslant 0$，$u_e<0$，$u_{ee}>0$。因此，代理人 A 或者是风险中性的（$u_{ww}=0$），或者是风险规避的（$u_{ww}<0$）。注意到对于委托人 P 来说，其效用并不直接来自代理人 A 的选择或其努力 e，而是来自代理人努力带来的净收益 y，以及付给代理人的工资 w，这就是代理人和委托人存在利益冲突的根源所在：如果按照假设，代理人 A 总是按照自己的利益最大化来行动，那么他付出更多的努力 e 所带来的负效用（$u_e<0$）将会导致他不按照委托人 P 的利益最大化来行动。

为不失一般性，本书假设在给定外生变量｛θ｝和单位区间［0,1］内，代理人和委托人有相同的概率获取外部的“自然状态”θ，假设这一概率由概率密度函数 $f(\theta)$ 表示。这个假设排除了代理人比委托人掌握更多信息的可能。

① G. Sheriff, “Efficient Waste? Why Farmers Over-apply Nutrients and the Implications for Policy Design”, *Applied Economic Perspectives and Policy*, Vol.27, No.4, 2005.

假设代理人选择 e，$e \in E$ 表示代理人的一个特定的行动，在很多模型中，行动 e 常被简化为代理人工作努力程度的一维变量。事实上，行动可以是任意维度的决策变量，例如对于食品生产过程而言，$e=(e_1,e_2)$ 可以分别表示生产者花费的生产时间即“数量”，以及单位时间的工作效率即“质量”。本书中，为了简化分析，假定行动 e 表示代理人努力程度的一维变量，因此，文中以后提及 e 都用努力来代替对行动的解释。本书假定，在代理人选择努力 e 之后，外生变量 θ 才会实现，即这个决定是在获取外部的自然状态之前作出的。θ 和 e 共同决定一个可以观测结果 y，$y=y(e,\theta)$，表示产出（或收益）。假设 $y(\cdot)$ 连续可微，并且 $y_e \geqslant 0$，$y_{ee} \leqslant 0$，$y_\theta>0$。因此可以把 y_e 看作是努力 e 带来的边际产品。

根据以上假设，一个基本的委托—代理模型就是，委托人选择向代理人支付一个 w，这个支付取决于 y，θ，e 的大小，以及其他因素 z，因此 w 的函数可以写作 $w=(y,\theta,e,z)$，变量 z 可以被认为是提供有关 θ 或者是 e（通常是不完全）的信息所需要的花费。在委托—代理理论中的核心假设（以此区分于激励相容问题）是，支付规则取决于代理人和委托人双方都能观测到的变量。也就是说，假设代理人 A 知道 e，同时也知道他的效用函数 $u(\cdot)$ 以及 y 和 θ。因此，不同的可能性仅来自委托人所获得的信息。通常假定委托人知道函数 $y(e,\theta)$ 以及他的效用函数 $v(\cdot)$，同时能够观测到 y，那么就存在以下两种可能：

其一，委托人可以观测到 e（或者 θ），从而可以借此推断 θ（或者 e）。那么在这种情况下，他不需要 z，因为进一步的（不完全）信息是多余的。[①] 此外，支付规则可以仅依靠 θ 来进行制订，委托人依据代理

① M. Harris, A. Raviv, “Some Results on Incentive Contracts with Applications to Education and Employment, Health Insurance, and Law Enforcement”, *American Economic Review*, Vol.68, No.1, 1978.

人的努力 e 选择支付 w 以最大化自己的预期效用，并满足代理人获得一定的最低效用的约束，这一约束被称为保留效用 $\underline{u}$。接下来的分析显示，在这种情况下，一阶最优风险分担合同是可能的，道德风险和激励问题被所谓的强制合同解决。

其二，委托人既无法观测到 e 也无法获知 θ，在这种情况下就是道德风险问题。委托人必须认识到，在给定支付下，代理人将会选择努力 e 最大化自己的预期效用，无法观测到 e 和 θ 意味着委托人无法直接修正支付从而促使代理人作出最大化自己利益的选择。因此，委托人的最大化问题必须加入激励效用的约束。也就是说委托人必须考虑一个事实，即他的支付规则将影响代理人选择的努力 e（而这一努力是代理人通过最大化自己的预期效用计算得到的），从而影响最终的均衡。这将导致偏离最优的风险分担解决方案——在分担风险的获利和控制代理人的努力（需要给予一定的激励）之间必须要作出权衡。

二、对称信息下的最优努力水平

由于委托—代理理论的核心问题是要找到一个费用规则，从而在分担风险的获利和给予代理人激励两方作出权衡，从一个一般模型出发，假设 e 和 θ 可以被观测，但需要付出一定的成本 $e=e^0$，因此，w 大小取决于 θ，从而，最优化问题为：

$$\max_{w(\theta)}\int_0^1 v(y(e^0,\theta)-w(\theta))f(\theta)d\theta \tag{3.1}$$

$$\text{s.t.}\int_0^1 u(e^0,w(\theta))f(\theta)d\theta\geqslant\underline{u} \tag{3.2}$$

最优解 w^* 满足以下方程：

$$-v'(y-w^*)+\lambda u_w=0,\ \forall\theta\in[0,1] \tag{3.3}$$

其中，λ 表示拉格朗日乘子，由式（3.3）可得：

$$\lambda = \frac{v'}{u_w} \tag{3.4}$$

这就是帕累托最优风险分担的条件。

由式（3.4）可知，委托人和代理人的边际效用之比对$\forall\,\theta$都成立，于是有：

$$\frac{v'(\theta_1)}{u_w(\theta_1)} = \frac{v'(\theta_2)}{u_w(\theta_2)} \Rightarrow \frac{v'(\theta_1)}{v'(\theta_2)} = \frac{u_w(\theta_1)}{v_y(\theta_2)} \tag{3.5}$$

因此，最优的条件下，风险分担的一个含义是委托人和代理人的收入的边际替代率在任何两个状态下都是相等的。

对式（3.3）求θ的二阶偏导，有$-v''\left(\frac{\partial y}{\partial \theta} - \frac{\mathrm{d}w^*}{\mathrm{d}\theta}\right) + \lambda u_{ww}\frac{\mathrm{d}w^*}{\mathrm{d}\theta} = 0$，代入式（3.4），可得：$\frac{\mathrm{d}w^*}{\mathrm{d}\theta} = \frac{v''u_w}{v''u_w + v'u_{ww}}\frac{\partial y}{\partial \theta}$，令$r_p \equiv -\frac{v''}{v'}, r_A \equiv -\frac{u_{ww}}{u_w}$，可得：

$$\frac{\mathrm{d}w^*}{\mathrm{d}\theta} = \frac{r_p}{r_p + r_A}\frac{\partial y}{\partial \theta} \tag{3.6}$$

假定委托人和代理人都是风险规避的，则r_{p}，$r_{\mathrm{A}}>0$，那么方程（3.6）表示，当θ增加时，x增加，y也增加，由于系数$\frac{r_p}{r_p + r_A}$小于1，所以增加的比率较低。因此，最优支付合同的充分条件应该满足$w^*(\theta) = \frac{r_p}{r_p + r_A}y(e^0, \theta) + \beta$，其中$\beta$是积分的常数项，进一步的，假定委托人是风险中性的，即$r_p=0$，那么$w^*(\theta)=\beta$，表明委托人承担了所有的风险。如果代理人是风险中性的，即$r_A=0$，则$w^*(\theta)=y(e^0,\theta)+\beta$，令$\gamma=-\beta$，则$w^*(\theta)=y(e^0,\theta)-\gamma$，也就是说代理人付出固定的努力成本$\gamma$并获得剩余的利益。

在努力e可观测的假设下，一阶帕累托最优是可实现的，由于e是在“自然状态”确定之前就作出的决定，因此不受θ的影响，帕累托最优的情况下，代理人依据最优的支付计划$w^*(\theta)$选择最优的努力e^*。然而，如果努力 e 无法观测，代理人完全有可能选择其他的努力 $\hat{e}$，$\hat{e}<e^*$ 从而改进自己的福利水平，因为委托人的收入 y 不仅受 e 的影响，还受外生变量 θ 的影响。因此，代理人可以将低水平的努力 $\hat{e}$ 带来的低产出归咎于外生因素的影响，由于委托人无法观测到 e，无法证明低产出是由低水平的努力带来的结果，代理人可以因此逃避责任，这就是道德风险问题。

式（3.1）可转化为：

$$-v'+\lambda u_w=0 \tag{3.7}$$

$$E\left[v'y_e+\lambda u_e\right]=0 \tag{3.8}$$

式（3.8）中，使用期望代替了积分，$v'y_e$ 可以解释为用委托人 P 的效用衡量的，代理人努力 e 的边际产品价值，也就是 $\frac{\mathrm{d}v}{\mathrm{d}e}=\frac{\partial v}{\partial y}\frac{\partial y}{\partial e}$，由于 $\lambda=\frac{v'}{u_w}$，代理人 A 的每增加一单位的效用则是需要委托人 P 放弃的效用，u_e 则表示为了使代理人增加一单位的效用所付出的边际努力 e，因此 λu_e 可以表示为努力 e 的边际成本（仍然以委托人的效用衡量）。于是 $v'y_e+\lambda u_e$ 则表示努力 e 带来的边际产品的净价值（以委托人的效用衡量），如果 e 是状态依存的，那么对于委托人来说，最大化的条件就是使每一个状态下，净边际产品价值等于 0（也就是边际产品价值等于边际成本）。由于 e 必须在自然状态确定之前就作出选择，因此边际产品价值等于边际成本的条件就被修改为其期望值是相等的，也就是在每一个状态下，期望的净边际产品价值等于 0，即方程（3.8）所示。由于 e 是可观测的，因此帕累托有效的风险分担仍可以实现。假设代理人是风险中立的，于是 v' 是常数，即有：

$$E[v'y^e + \lambda u^e] = E\left[v'y^e + \frac{v'}{u_w}u^e\right] = E\left[y^e + \frac{u_e}{u_w}\right] = 0 \Rightarrow E[y^e] = -\frac{u_e}{u_w} \quad (3.9)$$

由于代理人 A 是风险中立的，委托人 P 可以保留一个固定的支付 γ，从而获得的效用 v' 是常数，u_w 同样是常数，于是有 $E[y_e] = -E[\frac{u_e}{u_w}]$，在这种情况下，最优的努力 e 等于预期的边际产品加上努力以及收入之间的预期边际替代率。从而，当委托人能够观察到 e 或者 θ 时，就算需要付出一定的成本，一阶最优仍是可以实现的。如果两个都无法观测，那么就转变成激励问题或道德风险问题。

三、信息不对称情况下的激励问题

假定委托人不能观测到代理人的努力 e 和外生因素 θ，只能观测产出 y，在这种情况下，前面已经提到，存在道德风险问题。因为无论委托人采用何种激励方式，代理人总会选择最大化自己效用水平的努力。因此，委托人无法采用强制合同来促使代理人选择自己希望他作出的行动。此时，激励相容约束是必要的。委托人的问题是选择满足代理人参与约束与激励相容约束的激励合同，最大化自己的期望效用。

为简化分析，假定代理人的努力 e 有两种取值，e^L 和 e^H，分别表示努力和偷懒两种选择，其带来的产出为 y^L 和 y^H。假设产出 y 的分布函数和概率密度为 $F_i(y)$ 和 $f_i(y)$，$i=L$，H。前面已经假定，$y_e \geqslant 0$，$y_{ee} \leqslant 0$，即代理人越努力，产出越高。当 y 作为一个随机变量时，由于 y 大于任意给定 $\tilde{y}$ 的概率为 $1-F(\tilde{y})$，因此有 $F_H(y) \leqslant F_L(y)$，对于 $y \in [y_{\min}, y_{\max}]$ 均成立，即努力工作时获得高产出的概率大于不努力工作时获得高产出的概率。假定对与代理人来说努力的成本大于偷懒的成

本 $c(e^L)<c(e^H)$。对于委托人而言，为了使代理人有足够的积极性选择努力工作，委托人必须放弃帕累托最优的风险分担合同，其目的是选择激励合同 $w(y)$，最优化以下问题：

$$\max_{w(y)}\int v(y-w(y))f_H(y)dy \tag{3.10}$$

$$\text{s.t.}\int u(w(y))f_H(y)dy-c(e^H)\geqslant \underline{u} \tag{3.11}$$

$$\int u(w(y))f_H(y)dy-c(e^H)\geqslant\int u(w(y))f_L(y)\,dy-c(e^L) \tag{3.12}$$

式（3.12）即为激励相容约束，表示给定 $w(y)$，代理人选择努力获得的期望效用大于偷懒获得的期望效用。

构造拉格朗日函数，令 λ 和 μ 为拉格朗日乘子，上述最优化问题的一阶条件为 $-v'f_H(y)+\lambda u'f_H(y)+\mu u'f_H(y)-\mu u'f_L(y)=0$。

整理可得“莫里斯—霍姆斯特姆条件”：

$$\frac{v'(y-w(y))}{u'(w(y))}=\lambda+\mu\left(1-\frac{f_L(y)}{f_H(y)}\right) \tag{3.13}$$

当 $\mu=0$ 时，即在对称信息的情况下有 $\frac{v'(y-w(y))}{u'(w(y))}=\lambda$，也就是前面的式（3.4）——帕累托最优风险分担的条件。

在信息不对称的情况下，$\mu>0$，因此，信息不对称情况下的最优风险合同由式（3.13）决定，代理人的收入 $w(y)$ 随 $\frac{f_L(y)}{f_H(y)}$ 的比例变化而变化，因此，代理人的收入比对称信息下波动更大。例如假设委托人是风险中性的，那么在对称信息下，最优的风险分担合同是代理人得到固定的收入，不承担风险，但在信息不对称的情况下，代理人必须承担一些风险，这就是信息不对称导致的激励与风险之间的取舍。

令 $w_1(y)$ 和 $w_2(y)$ 分别表示对称信息下和非对称信息下决定的最优风险分担合同，那么当 $f_L(y)\geqslant f_H(y)$ 时，有：

$$\frac{v'(y-w_2(y))}{u'(w_2(y))}=\lambda+\mu\left(1-\frac{f_L(y)}{f_H(y)}\right)\leqslant\lambda=\frac{v'(y-w_1(y))}{u'(w_1(y))} \tag{3.14}$$

从而有 $w_1(y)\geqslant w_2(y)$，当 $f_L(y)<f_H(y)$ 时，有 $w_1(y)<w_2(y)$。

也就是说，对于产出 y，如果代理人偷懒的概率大于努力工作的概率，代理人的收入将会低于对称信息时的收入，如果代理努力工作的概率大于偷懒的概率，其收入则高于对称信息时的收入。

$\frac{f_L(y)}{f_H(y)}$的比例衡量了代理人选择偷懒时产出 y 大小的概率与代理人选择努力工作时产出 y 大小的概率之比，$\frac{f_L(y)}{f_H(y)}$越高，表明产出较大可能来自 $f_L(y)$ 的分布，当$\frac{f_L(y)}{f_H(y)}=1$，产出的大小来自 $f_L(y)$ 的概率与来自 $f_H(y)$ 的概率相同。委托人根据观测到的产出的大小，推测代理人是努力工作还是偷懒，由此决定对代理人进行激励或是惩罚。如果委托人推测代理人偷懒的可能性比较大，就选择 $w_1(y)\geqslant w_2(y)$，当委托人推测代理人努力时，则选择 $w_1(y)<w_2(y)$。

委托人也可以根据贝叶斯法则，从观测到的产出量多少修正代理人是否努力工作的后验概率。

假设 $\pi=prob(e^H)$ 表示委托人认为代理人选择努力工作的先验概率，$\pi(y)=prob(e^H|y)$ 表示委托人在观测到产出 y 时推测代理人选择努力工作的后验概率。根据贝叶斯法则，$\pi(y)=\frac{f_H(y)\pi}{f_H(y)\pi+f_L(y)(1-\pi)}$，整理可得 $\frac{f_L(y)}{f_H(y)}=\frac{\pi(1-\pi(y))}{\pi(y)(1-\pi)}$，于是信息不对称情况下的最优风险合同需满足：

$$\frac{v'(y-w(y))}{u'(w(y))}=\lambda+\mu\left(1-\frac{\pi(1-\pi(y))}{\pi(y)(1-\pi)}\right) \tag{3.15}$$

从而，委托人通过观测到的产出大小向下修正代理人选择努力工作的概率，即 $\pi(y)<\pi$，于是：

$$\frac{v'(y-w_2(y))}{u'(w_2(y))}=\lambda+\mu\left(1-\frac{\pi(1-\pi(y))}{\pi(y)(1-\pi)}\right)=\lambda+\mu\left(1-\frac{\pi-\pi\pi(y)}{\pi(y)-\pi\pi(y)}\right)<\lambda=\frac{v'(y-w_1(y))}{u'(w_1(y))}\tag{3.16}$$

即 $w_1(y)>w_2(y)$，代理人的收入低于完全信息时的收入，则受到惩罚。

当委托人通过观测调高了代理人选择努力工作的概率，即 $\pi(y)>\pi$，则有：

$$\frac{v'(y-w_2(y))}{u'(w_2(y))}=\lambda+\mu\left(1-\frac{\pi(1-\pi(y))}{\pi(y)(1-\pi)}\right)=\lambda+\mu\left(1-\frac{\pi-\pi\pi(y)}{\pi(y)-\pi\pi(y)}\right)>\lambda=\frac{v'(y-w_1(y))}{u'(w_1(y))}\tag{3.17}$$

从而 $w_1(y)>w_2(y)$，也就是说代理人的收入高于完全信息时的收入，则受到奖励。

第四节　基于委托—代理模型的养殖户生产行为分析

一、模型假设

根据传统的委托代理模型，对于委托人来说，其目的是最大化自己的效用：

$$\max_{w,e} E[v(w,e)]\tag{3.18}$$

$$\text{s.t. } E[u(w,e)]\geqslant \underline{u}\tag{3.19}$$

$$e\in \text{Arg}_{\hat{e}}\max\{E[u(w,\hat{e})]\}\tag{3.20}$$

根据前面的分析，在信息完全的情况下，目标函数式（3.18）和参与约束式（3.19）决定了委托人选择支付的报酬 w 以及代理人选择付出的努力 e。在信息不完全的情况下，目标函数式（3.18）和参与约束式（3.19）以及激励相容约束式（3.20）共同决定 w 和 e 的大小。激励相容约束保证代理人选择的安全生产程度能够最大化其预期效用。

为把食品质量安全和养殖户的生产行为（即代理人的安全生产程度）对应起来，本书提出以下假设：首先，假设养殖户只有两种安全程度的生产行为。安全程度低的生产行为 e^L，安全程度高的生产行为 e^H。假设养殖户面临一个离散的选择来提高食品安全，例如更安全的使用兽药、无害化处理病死猪、按照规定使用饲料添加剂，等等。其次，假设食品的安全性取决于菌落形成单位的密度，以及不同安全程度的生产行为导致病菌在人群中传播的程度。最后，假设 m 是政府或者消费者制定的食源性病菌的最低标准，概率密度函数 $F(m;e^i)$，$(i=L,H)$。

令 $\theta^H=F(m;e^H)$ 表示安全程度高的生产行为下菌落形成单位达到标准的可能性，$\theta^L=F(m;e^L)$ 表示安全程度低的生产行为下菌落形成单位达到标准的可能性，显然 $\theta^H>\theta^L$，即安全程度高的生产行为达到食源性病菌最低标准的可能性要高于安全程度低的生产行为。尽管安全程度高的生产行为达到食源性病菌最低标准的可能性更高，但并不保证100%达到标准。

养殖户生产的一个批次的猪肉中，可能包含安全和不安全的单位。本书定义安全的猪肉是指通过检验检疫的，各项指标符合国家规定的猪肉。购买者虽然无法直接观测到养殖户提供的猪肉的安全程度，但是可以采用抽样检测的方式来确定猪肉质量安全从而是否接受购买。即从产品批次的数量 N 中随机抽取一个数量为 n 的样本，如果抽样检测的不安全猪肉数量小于等于购买者能够接受的不安全产品的最大数量 d，则全部批次的产品都将被接受，否则，拒绝接受。假设一个批次的产品被接受的概率为 $p(\theta)$，θ 表示某个产品在整个批次的产品中安全的概率，假设每个产品安全的概率都相同，则 $p(\theta)$ 是一个累积的二项概率。

$$p(\theta)=\sum_{x=0}^{d}\binom{n}{x}(1-\theta)^{x}\theta^{n-x} \tag{3.21}$$

式（3.17）中，x 表示样本中不安全产品的数量，$1-\theta$ 表示某个单位产品不安全的概率，n 是样本量，d 表示购买者能够接受的不安全产品的最大数量。养殖户安全生产的程度影响单位产品安全的概率，从而影响购买者能够接受的不安全产品的最大数量，以及整个批次被接受的概率。当然，整个批次被接受的概率也受抽样样本量 n 以及购买者能够接受的不安全产品的最大数量 d 的影响。$0<\theta\leqslant 1$，$0<p(\theta)\leqslant 1$，$p'>0$。此外，假设养殖户的安全生产程度和其提供的产品的安全性的关系是确定的；同时，假定抽样检验的结果是正确的。

二、信息完全与信息不完全情况下的最优支付

在完全信息的条件下，购买者选择支付 w，促使养殖户选择安全程度高的生产行为，从而最大化自己的效用。

于是，购买者的激励问题修改为：

$$\max_{w} p(\theta^{H})v[\pi N-wN-(1-\theta^{H})\times rN-\delta n]+[1-p(\theta^{H})]\times v(-\delta n) \tag{3.22}$$

$$\text{s.t. } p(\theta^{H})u(wN)+[1-p(\theta^{H})]\times u(-sN)-Nc(\theta^{H})\geq \underline{u} \tag{3.23}$$

其中，π 表示购买者从每一单位产品中获得的利润；r 表示外部成本，即购买不安全的猪肉遭受的损失，损失不等同于支付是因为还包括例如召回的成本、给消费者的补贴以及相关部门的处罚费用等；δ 表示抽检每一单位产品的成本。在参与约束方程中，s 表示内部成本，即养殖户提供的猪肉没有通过检验所遭受的损失，例如处理费用或处罚费用等。函数 $c(\theta)$ 表示养殖户在安全程度为 θ 的情况下所需的生产成本（$c'>0$，$c''\geqslant 0$）。假设养殖户的预期效用独立于生产成本。

建立拉格朗日函数：

$$Z=p(\theta^H)v[\pi N-wN-(1-\theta^H)\times rN-\delta n]+[1-p(\theta^H)]\times v(-\delta n)$$
$$+\lambda\{p(\theta^H)u(wN)+[1-p(\theta^H)]\times u(-sN)-Nc(\theta^H)-\underline{u} \tag{3.24}$$

于是，一阶导数：

$$\partial Z/\partial w=-p(\theta^H)Nv_w+\lambda p(\theta^H)Nu_w \tag{3.25}$$

$$\partial Z/\partial\lambda=p(\theta^H)u(wN)+[1-p(\theta^H)]\times u(-sN)-Nc(\theta^H)-\underline{u} \tag{3.26}$$

令一阶条件等于 0，可解完全信息条件下的最优的支付：

$$\hat{w}_1=\frac{1}{N}u^{-1}\left[\frac{Nc(\theta^H)+\underline{u}-u(-sN)}{p(\theta^H)}+u(-sN)\right] \tag{3.27}$$

在信息不对称的情况下，购买者的激励问题修改为：

$$\max_w p(\theta^H)v[\pi N-wN-(1-\theta^H)\times rN-\delta n]+[1-p(\theta^H)]\times v(-\delta n) \tag{3.28}$$

$$\text{s.t. } p(\theta^H)u(wN)+[1-p(\theta^H)]\times u(-sN)-Nc(\theta^H)\geqslant\underline{u} \tag{3.29}$$

$$p(\theta^H)u(wN)+[1-p(\theta^H)]\times u(-sN)-Nc(\theta^H)\geqslant p(\theta^L)u(wN)+[1-p(\theta^L)]\times u(-sN)-Nc(\theta^L) \tag{3.30}$$

也就是说，在信息不对称的情况下，约束条件不仅包括参与约束，还包括激励相容约束。

同样构建拉格朗日函数：

$$Z=p(\theta^H)v[\pi N-wN-(1-\theta^H)\times rN-\delta n]+[1-p(\theta^H)]\times v(-\delta n)$$
$$+\lambda\left\{p(\theta^H)u(wN)+[1-p(\theta^H)]\times u(-sN)-Nc(\theta^H)-\underline{u}\right\}$$
$$+\mu\left\{p(\theta^H)u(wN)+[1-p(\theta^H)]\times u(-sN)-Nc(\theta^H)-p(\theta^L)u(wN)\right.$$
$$\left.+[1-p(\theta^L)]\times u(-sN)-Nc(\theta^L)\right\} \tag{3.31}$$

一阶导数为：

$$\partial Z/\partial w=-p(\theta^H)Nv_w+\lambda p(\theta^H)Nu_w+\mu[p(\theta^H)-p(\theta^L)]Nu_w \tag{3.32}$$

$$\partial Z / \partial \lambda = p(\theta^H)u(wN) + [1 - p(\theta^H)] \times u(-sN) - Nc(\theta^H) - \underline{u} \quad (3.33)$$

$$\partial Z / \partial \mu = [p(\theta^H) - p(\theta^L)][u(wN) - u(-sN)] - N[c(\theta^H) - c(\theta^L)] \quad (3.34)$$

令一阶条件等于0，可解得在不完全信息下的最优支付：

$$\hat{w}_2 = \frac{1}{N} u^{-1}\left(\frac{N[c(\theta^H) - c(\theta^L)]}{p(\theta^H) - p(\theta^L)} + u(-sN) \right) \quad (3.35)$$

比较式（3.27）和式（3.35），由于$\underline{u} \leqslant p(\theta^H)u(wN) + [1 - p(\theta^H)] \times u(-sN) - Nc(\theta^H)$，于是：

$$\frac{Nc(\theta^H) + \underline{u} - u(-sN)}{p(\theta^H)} \leqslant \frac{Nc(\theta^H) + p(\theta^H)u(wN) + [1 - p(\theta^H)] \times u(-sN) - Nc(\theta^H) - u(-sN)}{p(\theta^H)}$$

$$\frac{Nc(\theta^H) + \underline{u} - u(-sN)}{p(\theta^H)} \leqslant u(wN) - u(-sN) = \frac{N[c(\theta^H) - c(\theta^L)]}{p(\theta^H) - p(\theta^L)}$$

由于$u'(g) > 0$，于是有：

$$\frac{1}{N} u^{-1}\left[\frac{Nc(\theta^H) + \underline{u} - u(-sN)}{p(\theta^H)} + u(-sN) \right] \leqslant \frac{1}{N} u^{-1}\left(\frac{N[c(\theta^H) - c(\theta^L)]}{p(\theta^H) - p(\theta^L)} + u(-sN) \right) \quad (3.36)$$

式（3.36）表明，在信息不完全情况下促使养殖户选择安全程度高的生产行为的最优支付要大于完全信息情况下的最优支付。

三、抽样准确率对购买者和养殖户行为的影响

根据一阶条件$\partial Z / \partial w = 0$，可得$\lambda + \mu\left[1 - \frac{p(\theta^L)}{p(\theta^H)}\right] = \frac{v_w}{u_w}$，当$\mu = 0$时，即完全信息的情况下，没有激励相容的约束条件，此时给养殖户的最优支付w是常数，独立于养殖户安全生产的程度。当$\mu > 0$时，即信息不完全条件下，激励约束的存在使得给养殖户的最优支付取决于$\frac{p(\theta^L)}{p(\theta^H)}$的比例。这一比例衡量了抽样检测区分安全产品和不安全产品的准确率。

如果检测完全正确，$p(\theta^L)=0$，$p(\theta^H)=1$，即接受不安全产品的可能性为0，而安全产品被接收的概率为100%，此时$\frac{p(\theta^L)}{p(\theta^H)}=0$。如果抽样检测无法区分安全产品和不安全产品，则$p(\theta^H)=p(\theta^L)$，此时$\frac{p(\theta^L)}{p(\theta^H)}=1$。由此说明，抽样检测的准确程度决定了购买者的最优支付，从而也决定了养殖户安全生产的程度。

对购买者而言，购买者偏好安全的食品，假设w^H表示促使养殖户采取安全生产e^H的支付，w^L是对不安全生产e^L的支付，于是有：

$$\begin{aligned}&p(\theta^H)v[\pi N-w^H N-(1-\theta^H)rN-\delta n]+[1-p(\theta^H)]v(-\delta n)\\ \geqslant &p(\theta^L)v[\pi N-w^L N-(1-\theta^L)rN-\delta n]+[1-p(\theta^L)]v(-\delta n)\end{aligned} \tag{3.37}$$

化简不等式（3.37），并令：

$$\Pi^H=\pi N-w^H N-(1-\theta^H)rN-\delta n,\quad \Pi^L=\pi N-w^L N-(1-\theta^L)rN-\delta n,$$

于是有$\frac{p(\theta^L)}{p(\theta^H)}\leqslant\frac{v(\Pi^H)-v(-\delta n)}{v(\Pi^L)-v(-\delta n)}$，也就是说，检测的正确率必须达到一定的程度，才能保证购买者对不同安全生产程度的支付w^H和w^L能够对应养殖户不同安全程度的生产e^H和e^L。

对激励相容约束不等式重新进行改写，有：

$$\frac{N[c(\theta^H)-c(\theta^L)]}{p(\theta^H)-p(\theta^L)}\leqslant u(wN)+u(-sN) \tag{3.38}$$

由此可知，在满足式（3.38）时，养殖户愿意采取安全的生产行为。抽样检测的准确程度越高，$p(\theta^H)-p(\theta^L)$的差值越大，从而$\frac{N[c(\theta^H)-c(\theta^L)]}{p(\theta^H)-p(\theta^L)}$的值越小，对任意的效用值$u(wN)+u(-sN)$，满足不等式（3.37）的可能性越大，从而也进一步说明抽样检测的准确率影响养殖户的安全生产行为。

四、委托—代理模型的进一步求解

回到委托人的激励问题上来，由于委托人要最大化自己的效用：

$$\max_{w,e} E[v(w,e)] \tag{3.39}$$

$$\text{s.t. } E[u(w,e)] \geqslant \underline{u} \tag{3.40}$$

$$e \in \mathrm{Arg}_{\hat{e}} \max\{E[u(w,\hat{e})]\} \tag{3.41}$$

上述问题的最优解，需同时满足委托人和代理人效用的最大化。然而，对于委托人而言，其最优解是在考虑代理人的最优决策之后作出的。根据格罗斯曼和哈特（Grossman and Hart）的研究，可以将最大化问题分为两步进行求解。第一步，通过最小化工资引出可能对应的不同安全程度的生产行为；第二步，选择最优的安全生产程度最大化委托人的效用。①

根据拉斯穆森（Rasmusen），代理人的工资 $w(\cdot)$ 是产量 y 的函数，委托人根据产品质量的好坏决定支付给代理人的工资水平，② 于是 $w=w(y)$，产量 y 是代理人的安全生产程度 e 的函数，$y=y(e,\varepsilon)$，ε 表示随机干扰项。尽管委托人无法观测代理人的安全生产程度，但可以通过观测产量来间接推测代理人的安全生产程度。

于是，委托—代理模型进一步转化为：

第一步，购买者设计最小的工资水平，促使养殖户采取安全的生产行为：

$$\min_{w(\cdot)} Ew[y(e,\varepsilon)] = w_{\min}(e) \tag{3.42}$$

$$\text{s.t. } Eu\{e, w[y(e,\varepsilon)]\} \geqslant \underline{u} \tag{3.43}$$

---

① S. J. Grossman, O. D. Hart, "An Analysis of the PrincipalAgent Problem", *Econometrica*, Vol.51, No.1, 1983.

② E. Rasmusen, *Games and Information: An introduction to Game Theory*, Blackwell, Cambridge and Oxford, 1994, p.217.

$$e \in \mathrm{Arg}_{\hat{e}} \max Eu\{e, w[y(e,\varepsilon)]\} \quad (3.44)$$

第二步，购买者依据最小的工资水平和养殖户的努力，最大化自己的效用：

$$\max_{e} Ev\,[y(e,\varepsilon) - w_{\min}(e)] \quad (3.45)$$

为了便于求解，需要对传统的委托—代理模型做进一步的假定。①

第一，传统的委托—代理模型变量是连续的，为了便于分析，假设安全生产程度只有两个取值，e^H，e^L 分别代表高和低的安全生产程度。

第二，为避免考虑风险分担的问题，假定购买者和养殖户都是风险中性的。

第三，假定保留效用 $\underline{u}=0$，也就是说如果养殖户没有签订合同，就参与到生产中来，那么他无法选择生产低质量的产品出售更低的价格，只能停止生产，即保留效用为 0。

第四，在二元的委托—代理模型中，假设购买者事先知道其最大的效用是由养殖户更高安全程度的生产行为产生的，其目的就是为了在保证养殖户采取更高安全程度的生产行为下最小化自己的激励成本。

第五，假设养殖户的安全生产程度与产品的质量并不是完全对应的，也就是说安全程度高的生产行为仍存在导致低质量产品的可能性。假设养殖户存在两种安全程度的生产行为 e^H（安全程度高的生产行为）和 e^L（安全程度低的生产行为），在两种安全程度的生产行为下，一个批次的产品被接收的概率分别为 $p(\theta^H)$ 和 $p(\theta^L)$，显然 $p(\theta^H)>p(\theta^L)$，那么在两种安全程度的生产行为下，一个批次的产品被拒绝的概率分别为 $1-p(\theta^H)$ 和 $1-p(\theta^L)$。前面已经分析，根据式（3.21），$p(\theta)$

① N. Hirschauer, "A Model-based Approach to Moral Hazard in Food Chains: What Contribution do Principal Agent Models Make to the Understanding of Food Risks Induced by Opportunistic Behavior", *German Journal of Agricultural Economics*, Vol.53, No.5, 2011.

是一个累积的二项概率，$p(\theta)=\sum_{x=0}^{d}\binom{n}{x}(1-\theta)^{x}\theta^{n-x}$。假设购买者无法直接观测养殖户的生产行为，只能根据批次产品是否被接收来判断养殖户的安全生产程度，因此，当产品被接收时，支付工资 w^H，而当产品被拒绝时，认为养殖户的生产行为是不安全的，支付工资 w^L。

于是委托—代理问题可转化为：

$$\min w(e^H)=\min\left\{p(\theta^H)w^H+[1-p(\theta^H)]w^L\right\} \tag{3.46}$$

s.t.

$$\begin{aligned}&w(e^H)-e^H\\&=p(\theta^H)w^H+[1-p(\theta^H)]w^L-e^H\\&=p(\theta^H)(w^H-w^L)+w^L-e^H\geqslant 0\end{aligned} \tag{3.47}$$

$$\begin{aligned}&w(e^H)-e^H-[w(e^L)-e^L]\\&=p(\theta^H)w^H+[1-p(\theta^H)]w^L-e^H\\&-p(\theta^L)w^H-[1-p(\theta^L)]w^L+e^L\\&=[p(\theta^H)-p(\theta^L)](w^H-w^L)+e^L-e^H\geqslant 0\end{aligned} \tag{3.48}$$

构建拉格朗日函数：

$$\begin{aligned}L=&\,p(\theta^H)w^H+[1-p(\theta^H)]w^L\\&-\lambda[p(\theta^H)(w^H-w^L)+w^L-e^H]\\&-\mu[(p(\theta^H)-p(\theta^L))(w^H-w^L)+e^L-e^H]\end{aligned} \tag{3.49}$$

一阶导数为：

$$\frac{\partial L}{\partial w^H}=p(\theta^H)-\lambda p(\theta^H)-\mu[p(\theta^H)-p(\theta^L)] \tag{3.50}$$

$$\frac{\partial L}{\partial \lambda}=p(\theta^H)(w^H-w^L)+w^L-e^H \tag{3.51}$$

$$\frac{\partial L}{\partial \mu}=(p(\theta^H)-p(\theta^L))(w^H-w^L)+e^L-e^H \tag{3.52}$$

可解得最优报酬：

$$w^L = \frac{p(\theta^H)e^L - p(\theta^L)e^H}{p(\theta^H) - p(\theta^L)} \tag{3.53}$$

$$w^H = \frac{(e^H - e^L)\{1 - [p(\theta^H) - p(\theta^L)]\}}{p(\theta^H) - p(\theta^L)} \tag{3.54}$$

w^L，w^H 就是在产品被拒绝和被接受两种情况下，为促使养殖户采取安全生产行为的最优工资水平。

五、引入抽样准确率和追溯准确率的委托—代理模型

前面根据经典的委托—代理模型构建了假设产品接受率为 $p(\theta)$ 的委托—代理模型，并且证明了抽样检测的准确率对养殖户安全生产行为的影响。买卖双方的信息不对称是导致生猪养殖户出现不规范的生产行为的重要原因，鉴于此，学者、政府以及企业各方在破解猪肉质量安全问题时，致力于实施猪肉的可追溯化，以尽力弥补生产信息的不对称，实现养殖信息的透明化。然而在实际情况中，由于追溯体系的不完善和信息记录的不准确，追溯率并不能达到 100% 的准确。因此，接下来，在考察抽样检测准确率的同时，纳入追溯的准确率，探讨在抽样检测准确率和追溯准确率都无法达到 100% 的情况下，促使养殖户选择规范的生产行为的激励价格。

同样假定养殖户是风险规避的，其保留效用为 μ。养殖户决定是否生产，如果生产，他将在离散行为 $a_n(n=1,2,\cdots,n)$ 以及相应的努力 e_n，e_{n+1} 中进行决策 $(e_n<e_{n+1})$。在随机情形下，这些努力以概率 π_{nm} 产生相应的离散安全程度的产品 y_m，$y_{m+1}(y_m<y_{m+1})$。对于这些安全程度的产品，购买者决定支付相应的费用 w_m，$w_{m+1}(w_m<w_{m+1})$。养殖户的效用取决于所得的费用以及相应的努力程度，即 $u(w_m)-e_n$，其中 $u(w_m)$ 代表冯诺依曼—

摩根斯坦效用函数。

为便于分析，令 $N=M=2$，此时的离散委托—代理模型简化为一个二元模型。在养殖户的两个行为决策中，a_1 对应完全偏离购买者要求的不规范生产行为；a_2 代表完全遵守购买者要求的规范生产行为。由此产生两种安全程度的猪肉：y_1 表示未达到预期安全程度的猪肉，y_2 表示达到预期安全程度的猪肉。假定购买者是风险中性的，则其决策过程如下：

首先，对养殖户的两种不同生产行为 a_1 和 a_2 确定相应的支付费用 $w_{\min}(a_n)$。

$$\min_{w}\sum_{m=1}^{M}\pi_{nm}w_m = w_{\min}(a_n) \tag{3.55}$$

$$\sum_{m=1}^{M}\pi_{nm}u(w_m)-e_n \geqslant \underline{u} \tag{3.56}$$

$$\sum_{m=1}^{M}\pi_{nm}u(w_m)-e_n \geqslant \sum_{m=1}^{M}\pi_{n'm}u(w_m)-e_{n'}\text{ , } n'=1,2 \tag{3.57}$$

其中式（3.56）表示参与约束，式（3.57）表示激励约束。

其次，依据两种不同生产行为 a_1、a_2 对应的支付费用，最大化自己的利润（效用）。

$$\max_{a_n}\left(\sum_{m=1}^{M}\pi_{nm}y_m - w_{\min}(a_n)\right) \tag{3.58}$$

在这个离散的二元模型中，由于结果可以直接观测，并且可以精确地对应养殖户的不同生产行为，因此，结果的条件概率（π_{11} 和 π_{12} 表示不遵守的结果，π_{21} 和 π_{22} 表示遵守的结果）与支付费用的概率一致。然而，在实际生产中，由于抽检的准确率 $c \leqslant 100\%$，正确追溯到相应养殖户的概率 $z \leqslant 100\%$，因此，养殖户的预期报酬与猪肉产品的安全程度并不完全一致。[①]

假定抽检准确率为 c 的抽检成本为 $c(c)$，追溯准确率为 z 的追溯成本为 $c(z)$，对不安全的生产行为实施处罚的成本为 $c(s)$，w_1 是购买安全程度未达到预期的猪肉所付出的费用；w_2 是购买安全程度达到预期的猪肉所付出的费用。e_1，e_2 代表生产未达到预期安全程度和达到预期安全程度猪肉的努力程度，在二元离散模型中，e_1 表示不努力，为便于分析，令其等于 0（实际上其成本并不为 0，因此本章在之后计算激励价格时考虑的是提高安全生产所付出的额外成本，而非实际成本）。因此，生猪养殖者规范生产行为的成本为 $E=e_2-e_1=e_2$。若将养殖户的生产行为作为监控结果，π_{22} 和 π_{11} 都等于 1，表示在规范生产行为下生产的产品一定能达到预期的安全程度，而在不规范的生产行为下生产的产品则达不到预期的安全程度。表 3.2 列举了模型中涉及的符号及其对应的含义。

表 3.2　模型假设中对应的符号解释

概率	生产行为	努力	成本	行为结果	按生产行为支付	按行为结果支付
π_{11}	不规范的生产 a_1	e_1	0	不安全的猪肉 y_1	w_1	w_1
π_{12}	不规范的生产 a_1	e_1	0	安全的猪肉 y_2	w_1	w_2
π_{21}	规范的生产 a_2	e_2	E	不安全的猪肉 y_1	w_2	w_1
π_{22}	规范的生产 a_2	e_2	E	安全的猪肉 y_2	w_2	w_2

由于现实中购买者无法直接观测养殖户的生产行为，只能根据行为的结果，即猪肉的安全程度是否达到预期进行支付，对应表

① N. Hirschauer, O. Musshoff, "A Game-theoretic Approach to Behavioral Food Risks: The Case of Grain Producers", *Food Policy*, Vol.32, No.2, 2007.

3.2 中的最后一列。从表格的支付结果可以看出，w_2 包含两种情况：其一是 π_{22}，即规范的生产行为下生产的猪肉达到了预期的安全程度；其二是 π_{12}，即不规范的生产行为生产的猪肉也达到了预期的安全程度。而对养殖户的生产行为来说，a_2 也包含两种结果：其一，有 π_{22} 的可能生产安全程度达到预期的猪肉，获得支付 w_2；其二，有 π_{21} 的可能生产不安全的猪肉，获得支付 w_1。考虑到抽检的准确率 c 与追溯的准确率 z，于是，购买者的激励问题重新改写为：

$$\begin{aligned}&\min\left(w(a_2)+c(s)+c(c)+c(s)\right)\\&=\min\left(cz\pi_{22}w_2+cz\pi_{21}w_1+c(c)+c(z)+c(s)\right)\end{aligned} \tag{3.59}$$

$$\text{s.t. } w(a_2)-e_2=cz\pi_{22}w_2+cz\pi_{21}w_1-E\geqslant 0 \tag{3.60}$$

$$\begin{aligned}&w(a_2)-e_2-w(a_1)-e_1\\&=cz\pi_{22}w_2+cz\pi_{21}w_1-E-(cz\pi_{11}w_1+cz\pi_{12}w_2)\geqslant 0\end{aligned} \tag{3.61}$$

$$0<cz\leqslant 1 \tag{3.62}$$

值得注意的是，根据传统的理性经济人假设，生产者的目的是追求利润最大化，尽管有观点反对农户理性经济人的假说，例如恰亚诺夫（Chayanov）认为，农户的行为是在农户一体化的前提下进行的，其主导动机是规避风险。[①] 当农户消费的边际效用和闲暇的边际效用相等时，农户获得了生产和消费“有条件的均衡”。事实上，根据恰亚诺夫的理论，农户实现利润最大化的理性经济人的标准，其实是被效用最大化替代了。随机效用模型（Random Utility Model，RUM）也是假定参与者在面对特定可选项时基于效用最大化原则选择满足自身效用最大

① A.V. Chayanov, *Peasant Farm Organization*, Moscow: Cooperative Publishing House, 1925, p.198.

的属性组合。[1] 在本模型中，在不考虑养殖户面临的社会因素以及道德成本等前提下，养殖户对效用最大化的追求实际上就是追求利益最大化的内在表现。因此，效用函数是从生产者利润的角度展开。

为求最优解，构建拉格朗日函数：

$$\begin{aligned} L = & \left(cz\pi_{22}w_2 + cz\pi_{21}w_1 + c(c) + c(z) + c(s)\right) \\ & -\lambda(cz\pi_{22}w_2 + cz\pi_{21}w_1 - E) \\ & -\mu(cz\pi_{22}w_2 + cz\pi_{21}w_1 - E - cz\pi_{11}w_1 - cz\pi_{12}w_2) \end{aligned} \tag{3.63}$$

分别对 w_2，λ 和 μ 求一阶导数有：

$$\frac{\partial L}{\partial w_2} = cz\pi_{22} - \lambda cz\pi_{22} - \mu cz\pi_{22} + \mu cz\pi_{12} \tag{3.64}$$

$$\frac{\partial L}{\partial \lambda} = cz\pi_{22}w_2 + cz\pi_{21}w_1 - E \tag{3.65}$$

$$\frac{\partial L}{\partial \mu} = cz\pi_{22}w_2 + cz\pi_{21}w_1 - E - cz\pi_{11}w_1 - cz\pi_{12}w_2 \tag{3.66}$$

令一阶导数为零，可得激励机制下购买安全程度未达到预期的猪肉和安全程度达到预期的猪肉的支付。

$$w_1 = -E\frac{\pi_{12}}{cz(\pi_{22}\pi_{11} - \pi_{21}\pi_{12})} \tag{3.67}$$

$$w_2 = E\frac{\pi_{11}}{cz(\pi_{22}\pi_{11} - \pi_{21}\pi_{12})} \tag{3.68}$$

根据方程（3.67）和方程（3.68）可计算相应的激励价格。

从方程（3.67）和方程（3.68）来看，促使养殖户选择安全生产行为的激励价格主要包括两个方面，首先是 E，即养殖户额外付出的努力成本，既包括人力资本的投入，又包括生产资料成本的投入。其次是调整因子，其大小与不同生产行为导致的不同结果的概率密切相关。

---

[1] D. L. Mcfadden, J. A. Hausman, "A Specification Test for the Multinomial Logit Model", *Econometrica*, Vol.52, No.5, 1984.

此外，根据方程（3.67），可以看出在购买安全程度未达到预期的猪肉时，购买者对养殖户的支付价格是负的，这就是前面在理论基础部分讨论的对生产者的“惩罚”。鉴于本书主要考察如何提高养殖户的生产行为，因此，对激励相容机制下计算的价格在表述上不就正负予以“激励”与“惩罚”的区分，统一称为激励价格。

第五节 生产者行为决策的影响因素

一、生产者的行为决策模型

苏瑞（Suri）构建了肯尼亚农户生产杂交玉米的行为决策模型，① 根据苏瑞（Suri）的研究，廖等（Liao et al.）分析了中国台湾蔬菜和水果生产者采用可追溯体系的决策行为，② 参考上述研究，可以构建分析生猪养殖户选择生产安全猪肉或更高质量猪肉的决策模型以及影响其决策的主要因素。首先回顾苏瑞（Suri）在分析肯尼亚农户采用杂交玉米技术时构建的行为决策模型。

假设农户存在两种可以选择的行为：生产杂交玉米或生产非杂交的普通玉米。假设农户不论选择生产何种玉米其产出函数均符合柯布—道格拉斯形式。用 Y_{it}^{H}，Y_{it}^{L} 分别表示 t 时刻第 i 个农户生产杂交玉米和普通玉米的产出，于是两种生产行为的产出函数为：

$$Y_{it}^{H}=\exp\left(\beta_{t}^{H}\right)\left(\prod_{j=1}^{k}X_{ijt}^{\gamma_{j}^{H}}\right)\exp\left(\mu_{it}^{H}\right) \tag{3.69}$$

① T. Suri, “Selection and Comparative Advantage in Technology Adoption”, *Econometrica*, Vol.79, 2011.

② P. A. Liao, H. H. Chang, C. Y. Chang, “Why is the Food Traceability System Unsuccessful in Taiwan? Empirical Evidence from a National Survey of Fruit and Vegetable Farmers”, *Food Policy*, Vol.36, No.5, 2011.

$$Y_{it}^{L}=\exp\left(\beta_{t}^{L}\right)\left(\prod_{j=1}^{k}X_{ijt}^{\gamma_{j}^{L}}\right)\exp\left(\mu_{it}^{L}\right) \tag{3.70}$$

其中，X_{ijt} 表示投入品，j 指不同种类的投入品，如劳动力、种子、化肥等生产资料的投入等，k 表示投入品的总数。两种不同的生产决策对应不同的投入品参数，杂交玉米的产出指数为 γ_{j}^{H}，普通玉米的产出指数为 γ_{j}^{L}。μ_{it}^{H}，μ_{it}^{L} 为其他影响生产技术的因素，例如农户的个体特征、家庭特征、时间变量对产出的冲击等。对上述产出函数求对数之后可以得到：

$$y_{it}^{H}=\beta_{t}^{H}+X_{it}'\gamma^{H}+\mu_{it}^{H} \tag{3.71}$$

$$y_{it}^{L}=\beta_{t}^{L}+X_{it}'\gamma^{L}+\mu_{it}^{L} \tag{3.72}$$

根据传统的理性经济人假设，在不考虑社会因素和政策因素的影响下，农户选择生产的杂交玉米的决策是依据产出大小决定的，那么当 $y_{it}^{H}>y_{it}^{L}$ 时，农户选择生产杂交玉米，下面讨论促使农户选择生产杂交玉米的影响因素。

根据罗伊、赫克曼与霍诺尔（Roy，Heckman and Honore）的假设，[①] 当 $y_{it}^{H}/y_{it}^{L}>1$，$h_{it}=1$，表示采用杂交玉米技术，当 $y_{it}^{H}/y_{it}^{L}\leqslant 1$，$h_{it}=0$，表示不采用杂交玉米技术。于是决策条件又可变为：

$$h_{it}(y_{it})=1\left[y_{it}^{H}-y_{it}^{L}\geqslant 0\right]=1\left[\left(\beta_{t}^{H}-\beta_{t}^{L}\right)+X_{it}'(\gamma^{H}-\gamma^{L})+\mu_{it}^{H}-\mu_{it}^{L}\geqslant 0\right] \tag{3.73}$$

式（3.73）中，1［·］表示括号中的不等式是否成立的指标函数。产出最大化的原则可以用利润最大化替代，甚至一些不可观测的变量，例如口味、偏好等，都可以成为决定农户行为决策的因素。因此，在

① A. Roy, "Some Thoughts on the Distribution of Earnings", *Oxford Economic Papers*, Vol.3, 1951.J. Heckman, B. Honore, "The Empirical Content of the Roy Model", *Econometrica*, 1990, Vol.58, No.5.

苏瑞（Suri）的模型中，在考察农户的行为决策时，不仅考虑选择生产杂交玉米可以提高单位产出，并且可以降低产出分布的方差。

更为一般的决策函数是，当$f^H\left(y_{it}^H,Z_{it}^H\right)>f^L\left(y_{it}^L,Z_{it}^L\right)$，$h_{it}=1$。其中$Z_{it}^j$，$(j\in H,L)$表示生产杂交玉米或普通玉米的成本以及影响农户决策的其他因素，包括X_{it}的协变量。那么在这个一般的决策函数中，就是以利润最大化作为农户行为决策的原则。当杂交玉米的价格和普通玉米价格一致时，二者的利润差就在于产出的数量和投入品的成本的大小。注意到在这个一般决策函数中Z_{it}^j并不包含在产出y_{it}中，也就是说这个一般决策函数考虑了产出函数之外的其他不能观测到的成本或因素，例如农户距杂交玉米种子出售点的距离，或是杂交技术的可获得性等。很明显，杂交技术或杂交种子的可获得性决定了农户选择生产杂交玉米的行为决策，但它却并不体现在生产函数当中。

假设h_{it}表示在二元选择下生产杂交玉米，h_{it}^*为生产杂交玉米获得的潜在净收益，Z_{it}不仅仅包括产出方程中的X_{it}，而且包括不能体现在X_{it}中的影响决策行为的协变量，μ_{it}^s为误差项，于是决策函数可以改写为：

$$h_{it}(y_{it})=1\left[h_{it}^*\geqslant 0\right]=1\left[Z_{it}'\pi+\mu_{it}^s\geqslant 0\right] \quad (3.74)$$

根据方程可知，μ_{it}^s越大，农户选择生产杂交玉米的可能性越大。与罗伊(Roy)的模型相比，h_{it}^*相当于$y_{it}^H-y_{it}^L$，μ_{it}^s相当于$\mu_{it}^H-\mu_{it}^L$。

在二元选择下，$y_{it}=h_{it}y_{it}^H+(1-h_{it})y_{it}^L$，将方程（3–71）和方程（3–72）代入，则有：

$$y_{it}=\beta_t^L+(\beta_t^H-\beta_t^L)h_{it}+X_{it}'\gamma^L+X_{it}'(\gamma^H-\gamma^L)h_{it}+\mu_{it}^L+(\mu_{it}^H-\mu_{it}^L)h_{it} \quad (3.75)$$

方程（3.75）就是标准的决策问题，如果农户知道全部或者部分的误差μ_{it}^H，μ_{it}^L，并基于他们所知道的信息行动，那么选择生产杂交玉米的行动h_{it}将被这些误差纠正。

二、生产者安全生产行为的决策模型

借鉴苏瑞（Suri）和廖等（Liao et al.）的研究方法，可以构建生产者进行安全生产的行为决策模型。假设生猪养殖户是风险中性的，根据传统的经济学理论，生产者是追求利润最大化的理性经济人，第 $i(i=1,2,3,\cdots,n)$ 个养殖户进行更安全（或更注重质量）的生产行为的决策，取决于更安全（或更注重质量）的生产与非安全（或不注重质量）的生产两种情况下最大化利润的比较。令 $K \in (S,NS)$ 表示安全与非安全（或注重质量与不注重质量）两种情况。则 π_i^S 和 π_i^{NS} 分别表示两种情况下生产所获得的利润。进一步，假设猪肉价格为 P_i^K，产量为 Q_i^K，产量 Q_i^K 是投入品 H_i^K、猪肉价格 P_i^K 以及其他影响生产技术的因素 τ_i 的函数，在这里，τ_i 用养殖户的个体特征、家庭特征代替，$Q_i^K= Q_i^K(\omega_{ij}^K,\ P_i^K,\ \tau_i)$。投入品 H_{ij}^K 的价格为 ω_{ij}，$j=1,2,\cdots$，J 代表投入品的种类。安全（或更注重质量）的生产所需的额外成本为 $C_i=C_i(Q_i^S)$，非安全（或不注重质量）的生产下猪肉质量安全事件造成的损失为 $S_i=S_i(Q_i^{NS})$，安全（或更注重质量）生产的额外成本与非安全（或不注重质量）生产的损失都与产量 Q 相关。

于是，两种情况下的利润为：

$$\pi_i^S = P_i^S Q_i^S(\omega_{ij}^S, P_i^S, \tau_i) - \sum_{j=1}^{J} H_{ij}^S \omega_{ij} - C_i(Q_i^S) \qquad (3.76)$$

$$\pi_i^{NS} = P_i^{NS} Q_i^{NS}(\omega_{ij}^{NS}, P_i^{NS}, \tau_i) - \sum_{j=1}^{J} H_{ij}^{NS} \omega_{ij} - S_i(Q_i^{NS}) \qquad (3.77)$$

求解利润最大化问题：

$$Q_i^S(\omega_{ij}^S, P_i^S, \tau_i) + P_i^S \frac{\partial Q_i^S(\omega_{ij}^S, P_i^S, \tau_i)}{\partial P_i^S} - \frac{\partial C_i(Q_i^S)}{\partial Q_i^S} \frac{\partial Q_i^S(\omega_{ij}^S, P_i^S, \tau_i)}{\partial P_i^S} = 0 \qquad (3.78)$$

$$Q_i^{NS}(\omega_{ij}^{NS}, P_i^{NS}, \tau_i) + P_i^{NS} \frac{\partial Q_i^{NS}(\omega_{ij}^{NS}, P_i^{NS}, \tau_i)}{\partial P_i^{NS}} - \frac{\partial S_i(Q_i^{NS})}{\partial Q_i^{NS}} \frac{\partial Q_i^{NS}(\omega_{ij}^{NS}, P_i^{NS}, \tau_i)}{\partial P_i^{NS}} = 0$$

（3.79）

于是最优利润：$\pi_i^{*S}=\pi_i^{*S}(P_i^{*S},\omega_{ij}^{S},Q_i^{*S},\tau_i)$，$\pi_i^{*NS}=\pi_i^{*NS}(P_i^{*NS},\omega_{ij}^{NS},Q_i^{*NS},\tau_i)$。

当 $\pi_i^{*S}>\pi_i^{*NS}$ 时，养殖户会采取有利于提高猪肉安全或质量生产的行为。即：

$$
\begin{aligned}
&P_i^{*S}Q_i^{*S}(\omega_{ij}^{S},P_i^{*S},\tau_i)-P_i^{*NS}Q_i^{*NS}(\omega_{ij}^{NS},P_i^{*NS},\tau_i)> \\
&\sum_{j=1}^{J}H_{ij}^{S}\omega_{ij}-\sum_{j=1}^{J}H_{ij}^{NS}\omega_{ij}+C_i[Q_i^{*S}(\omega_{ij}^{S},P_i^{*S},\tau_i)]-S_i[Q_i^{*NS}(\omega_{ij}^{NS},P_i^{*NS},\tau_i)]
\end{aligned}
\tag{3.80}
$$

由式（3.80）可知，养殖户进行安全（或更注重质量）生产的行为决策主要由猪肉的价格 P_i^{S}，P_i^{NS}，投入品的价格 ω_{ij}^{S}，ω_{ij}^{NS}，产量 Q_i^{S}，Q_i^{NS} 以及养殖户的个体特征 τ_i 决定。

利益激励是导致食品生产者采取风险行为的主要原因，食品市场的信息不对称给生产者的风险行为带来更多的利益，从而使食品供应链中生产者不规范的生产行为屡屡出现。[①] 本章首先对信息不对称问题的分类以及其对应的各个模型进行了归纳和整理。然后针对食品市场的特殊性，分析了食品市场的逆向选择问题。在食品质量信息不对称的情况下，许可证和标签是传递食品质量信息的有效方式。然而，食品不仅是经验品，在某些情况下更是信任品。这种特殊的性质导致食品标签、许可证等信号传递机制在某些情况下也会失效，当信号传递机制失效时，旧车市场当中出现的“劣币驱逐良币”的现象在食品市场上同样会出现，更为严重的是，在极端情况下，市场交易根本无法存在，帕累托改进也不能实现。此外，由于食品的特殊性，食品市场

① D. A. Hennessy, J. Roosen, J. A. Miranowski, “Leadership and the Provision of Safe Food”, *American Journal of Agricultural Economics*, Vol.83, 2003.S. A. Hoffmann, *Food Safety Policy and Economics: A Review of the Literature*, Discussion Paper Resources for the Future (RFF), 2010, p.47.

上还可能存在生产者和消费者都无法完全掌握食品信息的情况，这种情况的出现主要是受检测技术的限制，需要依靠技术手段进行化解。随着食品科学技术的不断进步，食品检测的技术正逐步提高，由此带来的信息不对称问题也在逐渐减少。目前，多数的信息不对称情况仍属于生产者与消费者之间的信息不对称问题，可以通过委托—代理模型的框架进行分析。

本章的第三部分在回顾经典的委托—代理模型的基础上，使用适当修正的委托—代理模型分析生猪养殖户生产行为，具体地，本部分对比了信息完全与信息不完全情况下的最优支付，分析了抽样准确率对养殖户的生产行为以及购买者的行为之间存在的影响，并求解了在新的模型下促使养殖户采取规范生产行为的最优工资水平。

考虑到食品风险的特殊性，由于食品技术等客观因素的存在，导致食品追溯的准确率以及食品检测准确率无法完全达到100%准确。因此，在构建适用于分析食品供应链中生产者生产行为的模型时，有必要考虑追溯和抽样检测的准确率。本章的第四部分在前面分析的基础上，引入追溯的准确率 z 和检测的准确率 s，构建分析养殖户生产行为的理论模型，为研究养殖户生产行为的机理提供理论视角，并为下一步的实证分析，考察养殖户在满足激励相容机制设定的激励价格的条件下对不同安全生产行为以及提高质量的生产行为的偏好，提供模型基础与理论支撑。

本章的最后一部分，基于农户技术采纳的决策模型，构建了养殖户安全生产的决策模型，并探讨了影响养殖户进行安全生产的主要因素，从而为后续的实证分析提供了模型基础。

第四章　生猪养殖户对不同生产行为的偏好研究：基于食品安全的视角

本章在文献综述和理论回顾的基础上，对生猪养殖户不同生产行为的偏好进行研究。从食品安全的视角，考察养殖户在给定的激励价格下对不同安全程度的生产行为的偏好。基于前面文献综述的讨论，本书要考察的生产行为是一个复杂的整体，不仅涉及多个不同的生产行为，同一个生产行为之间也包含不同的安全层次。因此，普通的多元线性回归难以满足研究的需求。考虑到选择实验法能够同时解决因变量包含多个属性多个层次的特性，本章的研究采用选择实验的方法进行。

本章的安排如下：首先对选择实验的属性以及水平进行设计，根据危害分析与关键控制点，选择影响猪肉安全的四个关键生产行为作为待考察的属性，依据相关文献和实际调研确定各个属性包含的层次水平，以委托—代理模型为理论基础，计算激励价格的水平。在确定了属性和价格的层次之后，运用 Nlogit 软件进行选项卡的设计。在此基础之上，介绍了调研的具体组织和实施情况。其次，构建理论模型并采用效应编码对变量进行赋值。再次，根据收集的数据进行统计性分析和模型估计，主要采用随机参数模型对主效应、属性交叉项、个体特征交叉项进行了估计，并对不同规模的养殖户进行了分组回归。为进一步考察养殖户偏好的异质性，采用潜在类别模型对养殖户进行了潜类别估计，并分别计算了两种模型下养殖户的接受意愿。最后，依据估计的结果进行了讨论并提出简单的政策建议。

第一节　属性和水平设计

一、生产行为的属性与水平设计

养殖环节作为猪肉供应链的源头，对猪肉的质量安全具有非常重要的作用。生猪养殖者的生产行为决定了生猪的质量与安全，根据前文的分析，猪肉安全风险的主要来源包括不规范使用饲料、滥用饲料添加剂、不合理使用兽药以及出售病死猪等。因此，养殖户影响猪肉安全的关键生产行为包括饲料、添加剂、兽药的使用行为以及病死猪的处理行为。接下来，对这四种生产行为依据安全程度的不同进行层次水平的划分。

首先，是饲料的使用。从饲料的使用情况来看，当前生猪养殖使用的饲料主要包括全价料、浓缩饲料和预混料几种，其中浓缩饲料和预混料需要按照要求进行配比、混合后方可饲喂，并且，根据生猪的生长阶段不同，所需的配比用量也不尽相同。由于饲料的质量、配比用量直接关系生猪的健康以及猪肉的安全，因此，将饲料的使用作为影响猪肉安全的一个重要属性。根据预调研的结果来看，生猪养殖户在采购饲料时一般都会通过正规渠道进行购买。在使用饲料时也会注意饲料的质量，例如在使用之前先确定是否存在生霉、变质等情况。但在饲料的用量和配比方面，多数是根据自己的经验来进行。因此，依据实际情况，将饲料使用的属性划分为三个层次，即凭经验使用饲料、使用没有质量问题的饲料、注意饲料的质量和配比用量。

添加剂使用方面。目前，养殖户在使用添加剂时主要是通过将添加剂与载体或稀释剂混合，按要求配比加入预混饲料或浓缩饲料中使用，因此添加剂通常也被称为饲料添加剂。当前的添加剂包括营养性和非营养性添加剂两类，营养性添加剂是指微量元素、维生素以及必需的氨基酸等，目的是增加生猪的营养，只要按照规定范围使用，通常不会对生猪的健康和肉质的安全造成危害。而对于非营养性的添加剂则目的多样，例如有为促进生长而添加的激素，如为抗虫、抗病、抗氧化而添加的抗生素药物，为促进食欲而添加的酶制剂等。根据预调研显示，这些添加剂普遍存在超范围使用、超限量使用等违规情况。因此，本章对添加剂的研究主要聚焦于可能引起猪肉安全问题的非营养性添加剂上，将添加剂的使用情况依据安全程度由低到高划分为三个层次，依次是凭经验使用添加剂、按照规定的范围使用添加剂、按照规定的范围和剂量使用添加剂。

兽药的使用是影响猪肉安全非常重要的方面。根据预调研反映的情况来看，尽管大部分地区都配有专业的兽医进行定期防疫，但仍有不少的养殖户根据经验自行用药，尤其是在疫病多发的冬春季节，养殖户往往根据自己的经验使用兽药。可能出现人药兽用的情况，为达到治疗效果，在给药时不但超过规定的剂量，也容易忽视规定的休药期，造成兽药残留，影响猪肉的安全。因此，针对兽药的使用情况，本章依据实际情况划分为三个层次，分别为凭经验使用兽药、按照规定的剂量使用兽药、按照规定的剂量和休药期使用兽药。

对病死猪处理方面。由于病死猪本身携带大量病原微生物，若病死猪非法流入市场，将对食用者的身体健康造成严重危害。此外，由于病死猪体内含有大量传染病原以及代谢物质，如不经过妥善处理，容易传染其他生猪，造成疫病扩散。因此，病死猪的处理行为对猪肉的安全及其重要。自黄浦江死猪事件发生后，政府对病死猪进行了严格管理，进一步落实了病死猪无害化处理的补贴政策。但是，由于技术和资金的限制，在目前的生猪养殖过程中，仍存在简单填埋病死猪甚至丢弃病死猪的现象，给猪肉的安全埋下重大隐患。根据预调研显示，尽管大部分养殖户表示会对病死猪进行深埋处理，但由于技术或知识有限，或鉴于成本因素，往往填埋得不符合标准，难以达到控制疾病传播、保护环境卫生的要求。鉴于此，本章将病死猪处理的行为划分为不处理病死猪，自己对病死猪进行无害化处理，统一对病死猪进行无害化处理三个层次。

奥林克等（Olynk et al.）认为，生产者的目的是追求利润最大化。因此，其在生产过程中，通常是在能够生产的产品属性中，选择可供促使其利润最大的产品属性组合。[①] 由此可见，利润激励是促使养殖户选择的前提，在构建选择实验的选项组合之前，首先要确定利润的大小。接下来本章就利用委托—代理模型，测算在激励相容机制下促使养殖户采取安全生产行为所需的价格，本书将其称为激励价格。

二、激励价格的测算

第三章对传统的委托—代理模型进行了修正，提出了引入抽检准确率和追溯准确率的委托—代理模型，用于研究生猪养殖户的生产行

① N. J. Olynk, G. T. Tonsor, C. A. Wolf, "Verifying Credence Attributes in Livestock Production", *Journal of Agricultural and Applied Economics*, Vol.42, No.3, 2010.

为。这一章使用这一模型来计算促使养殖户采用安全生产行为的激励价格。

根据第三章的分析，养殖户的最优决策：

$$w_1 = -E\frac{\pi_{12}}{cz(\pi_{22}\pi_{11} - \pi_{21}\pi_{12})} \tag{4.1}$$

$$w_2 = E\frac{\pi_{11}}{cz(\pi_{22}\pi_{11} - \pi_{21}\pi_{12})} \tag{4.2}$$

根据公式，促使养殖户选择安全生产行为的激励价格主要由养殖户额外付出的努力成本 E 和调整因子决定。接下来，首先讨论养殖户进行安全生产额外付出的努力成本 E 的测算。

一般而言，养殖户安全生产投入的额外成本主要来自两个方面：一是饲料、兽药、添加剂以及病死猪处理产生的额外费用；二是按照规定使用饲料、兽药、添加剂以及处理病死猪付出的额外劳动。

投入成本方面，由于生猪养殖的饲料成本占总成本的 80% 以上，因此首先确定饲料的成本。表 4.1 是根据《全国农产品成本收益资料汇编 2016》整理的江苏省 2015 年生猪养殖户饲料投入以及劳动投入的具体情况。从表 4.1 中可以看出，饲养一头生猪的饲料投入总成本平均约为 755 元，按照一头生猪 100 千克计算，折合每 500 克的饲料成本为 3.77 元。结合实际调研，普通饲料的成本价格约为 2—4 元 /500 克。因此，对于每 500 克猪肉而言，使用优质饲料所产生的额外成本按照饲料总成本的 20% 折算，约为 0.4—0.8 元 /500 克。从表 4.1 中可以看出，养殖户在医疗防疫方面的投入以及生猪死亡方面的损失并不多。因此，加上额外的兽药、添加剂与病死猪处理的成本，养殖户安全生产使用的投入品的额外成本约合 0.6—1 元 /500 克。

表 4.1　江苏省各个规模的养殖户的饲养成本（2015 年）

单位：元 / 头

	精饲料费	粗饲料费	饲料加工费	饲料费用加总	医疗防疫费	死亡损失费	劳动日工价	每头人工成本
散户	653.48	32.09	2.35	687.92	8.95	6.03	78.00	312.39
小规模	851.79	11.46	6.74	869.99	16.09	5.46	78.00	175.07
中规模	749.20	6.88	1.80	757.88	18.75	8.35	78.00	129.07
大规模	705.49	0.03	1.48	707.00	16.64	10.73	78.00	69.59
平均	739.99	12.62	3.09	755.70	15.11	7.64	78.00	171.53

资料来源：根据《全国农产品成本收益资料汇编 2016》整理。

人工成本方面，按照 2015 年的《全国农产品成本收益资料汇编》，生猪养殖的劳动日工价为 78 元 / 天，假设到 2016 年工资增长了 15%，则日工价按 90 元 / 天计算。平均一头猪的饲养时间为 180 天，出栏重量约为 100 千克，按一个人平均管理 100 头生猪计算，人工成本约为 0.8 元 /500 克。此外，根据饲养每头生猪需要投入的平均人工成本计算，每 500 克的人工成本也约为 0.8 元。由于饲养生猪本身就需要投入劳动力，假设规范生产的额外人工投入成本占劳动投入总成本的 25%，则额外劳动的成本约为 0.2 元 /500 克。由此，安全生产投入的额外成本为 0.8—1.2 元 /500 克。取平均值可得努力成本 E 约为 1 元 /500 克。

其次讨论调整因子的大小。表 4.2 显示了调整因子$\frac{\pi_{12}}{cz(\pi_{22}\pi_{11}-\pi_{21}\pi_{12})}$与$\frac{\pi_{11}}{cz(\pi_{22}\pi_{11}-\pi_{21}\pi_{12})}$中各变量的不同赋值对激励价格的影响，其中，$c$ 表示抽检的准确率，z 表示追溯的准确率，π_{11} 表示不规范的生产行为下产生不安全猪肉的概率，π_{12} 表示不规范的生产行为下产生安全猪肉的概率，π_{22} 表示规范的生产行为下产生安全猪肉的概率，π_{21} 表示规范的生产行为下产生不安全猪肉的概率。从表 4.2 中可以看出，激励价格的大小受变量赋值的不同影响，一般而言，抽检的准确率 c、追溯的准确率 z 越高，激励价格越小；各项行为对应的结果越准确，所需的激励价格也越小。本书对追溯准确率 $z \in [0.5,0.9]$，抽检准确率 $c \in [0.5,0.9]$，以及行为对应结果的准确率 $\pi_{11},\pi_{22} \in [0.5,0.9]$ 进行组合之后，对计算的激励价格取均值，得出 w_1 约为 −0.53，w_2 约为 2.92。为简单化，分别取 −0.5 元 /500 克与 3 元 /500 克。

表 4.2　变量赋值与相应的激励价格

符号	赋值 1	赋值 2	赋值 3	赋值 4	赋值 5	赋值 6	赋值 7	赋值 8	赋值 9	赋值 10
c	0.60	0.60	0.60	0.60	0.50	0.50	0.60	0.60	0.60	0.60
z	0.80	0.80	0.80	0.80	0.80	0.80	0.70	0.70	0.60	0.60
π_{11}	0.90	0.80	0.90	0.80	0.90	0.80	0.90	0.80	0.90	0.80
π_{12}	0.10	0.20	0.10	0.20	0.10	0.20	0.10	0.20	0.10	0.20
π_{21}	0.10	0.20	0.20	0.10	0.10	0.20	0.10	0.20	0.10	0.20
π_{22}	0.90	0.80	0.80	0.90	0.90	0.80	0.90	0.80	0.90	0.80
w_1	−0.26	−0.69	−0.30	−0.60	−0.31	−0.83	−0.30	−0.79	−0.35	−0.93
w_2	2.34	2.78	2.68	2.38	2.81	3.33	2.68	3.17	3.13	3.70

根据预调研显示，生猪的售价在不同的年份和月份会有较大的浮动。2016 年 11 月生猪的平均售价约为 8 元 /500 克，因此本章以 8 元 /500 克为基准价格，在此基础上根据计算的激励价格进行上浮和下浮，将价格设为 7.5 元 /500 克、8 元 /500 克以及 11 元 /500 克三个层次。表 4.3 显示了养殖户生产行为的属性与层次体系。

表 4.3　养殖户生产行为的属性与层次设置

类别	属性	属性层次	变量代码
投入品使用	饲料使用	（1）凭经验使用饲料	EXPFEED
		（2）使用没有质量问题的饲料	DOSFEED

续表

类别	属性	属性层次	变量代码
		（3）注意饲料的质量和配比用量	TIMFEED
	添加剂使用	（1）凭经验使用添加剂	EXPADDI
		（2）使用规定范围的添加剂	SCOADDI
		（3）按规定剂量使用规定范围的添加剂	TIMADDI
	兽药使用	（1）凭经验使用兽药	EXPDRUG
		（2）按规定剂量使用兽药	DOSDRUG
		（3）按规定剂量和休药期使用兽药	TIMDRUG
病死猪处理	病死猪处理	（1）不处理病死猪	NODISPO
		（2）自己对病死猪进行无害化处理	SELFDISPO
		（3）统一对病死猪进行无害化处理	UNIDISPO
价格激励	价格	（1）7.5 元 /500 克	PRICE1
		（2）8 元 /500 克	PRICE2
		（3）11 元 /500 克	PRICE3

三、选项卡的设计

根据上述生产行为及其层次水平的设定，总共可以得到 243（3×3×3×3×3）个养殖户生产行为的属性组合选项。因此，养殖户需要对 C_{243}^{2}=58806 个生产行为进行比较后作出选择，这在实际调研中是不可能的，对于文化水平普遍不高的养殖户，要进行全部的对比更不可行。因此，本章采用部分因子设计的方法，根据随机原则对养殖户生产行为的属性及层次进行随机组合，在减少养殖户需要比较的选项同时又确保属性及层次分布的平衡性。由此共设计 10 个版本的问卷，每个版本包含 8 个比较任务。根据亚当莫维兹等（Adamowicz et al.）的研究，在选项卡设计中省略“不选项”会限制参与者的决策，在非假设性条件下，如果选择方案均没有吸引力，参与者会推迟选择或拒绝作出选择。[①] 因此，本章在任务卡中将“两个都不选择”纳入选项中，作为参与者的行为选择。选择实验的选项卡示例如图 4.1 所示。

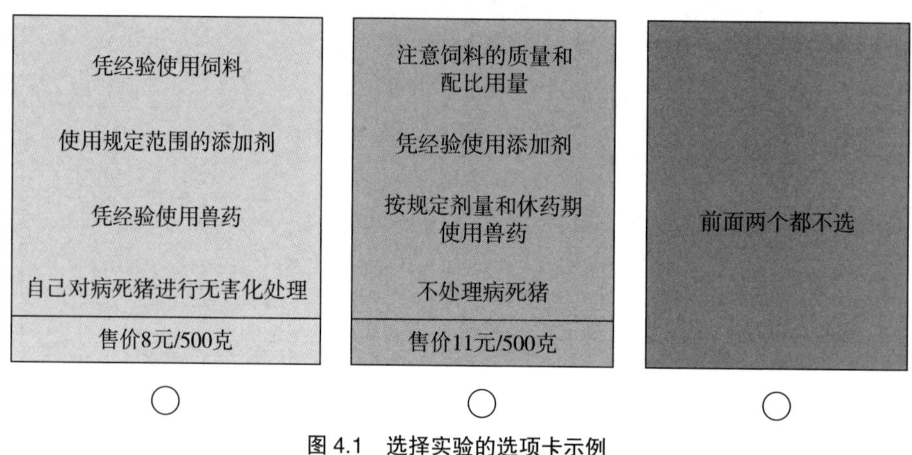

图 4.1 选择实验的选项卡示例

四、实验组织与实施

问卷的设计效率检验见表 4.4，这表明从正交程度衡量问卷设计优良。本次调查主要选择江苏省作为调查地区，选择江苏省的原因是江苏省的南部、中部和北部地区反映了中国东部、中部和西部地区的经济发展水平差异，生猪养殖方式涵盖了小规模散养模式与规模化养殖模式，具有较强的代表性，并且在 2016 年全国百强养猪大县中，江苏省占 3 个，能够较为容易地满足样本需求。

本次调研分两步进行，第一步进行预调研，在 2016 年 11 月期间进行。了解生猪养殖户的主要生产方式，并对生猪的成本投入以及出售情况做全面调查，为选择实验的选项卡设计提供依据。第二步展开调研，于 2016 年 12 月，在江苏南部的江阴、太仓、张家港，江苏中部

① W. Adamowicz, P. Boxall, M. Williams, et al., “Stated Preference Approaches for Measuring Passive Use Values: Choice Experiments and Contingent Valuation”, *American Journal of Agricultural Economics*, Vol.80, No.1, 1996.

的海安、如皋、泰兴，江苏北部的丰县、邳州、阜宁分别选取两个村，按照随机抽样原则，每个村随机抽取 15 个养殖户进行调查。为保证养殖户对问卷内容的理解，调研由经过培训的专业调研员一对一地进行，并请当地的大学生陪同翻译，解决沟通过程中方言障碍的问题。共发放问卷 270 份，剔除无效问卷和不合格问卷，共计回收 215 份，问卷回收的有效率为 79.26%。

表 4.4　养殖户生产行为属性层次设计的效率检验

属性	层次	频率	实际误差	理想误差	设计效率
饲料使用	EXPFEED	53	—	—	—
	DOSFEED	54	0.271	0.244	0.819
	TIMFEED	53	0.256	0.244	0.914
添加剂使用	EXPADDI	53	—	—	—
	SCOADDI	53	0.241	0.239	0.984
	TIMADDI	54	0.251	0.239	0.921
兽药使用	EXPDRUG	53	—	—	—
	DOSDRUG	54	0.246	0.236	0.920
	TIMDRUG	53	0.236	0.236	1.001
病死猪处理	NODISPO	54	—	—	—
	SELFDISPO	53	0.248	0.239	0.930
	UNIDISPO	53	0.238	0.239	1.009
价格	PRICE1	54	—	—	—
	PRICE2	53	0.247	0.237	0.922
	PRICE3	53	0.239	0.237	0.981

第二节　模型构建与变量赋值

一、模型构建

假设第 n 个养殖户从选择空间 C 的子集 m 中，在第 k 个情形下选

择第 i 个生产行为的组合所获得的效用为 U_{nik}，

$$U_{nik}=V_{nik}+\varepsilon_{nik} \tag{4.3}$$

其中，V_{nik} 是确定项，表示可观测的效用，ε_{nik} 是随机误差项，表示不可观测的因素对养殖户选择的影响。根据效用最大化原则，只有当 $U_{nik}>U_{njk}$，即对任意的 $j\neq i$ 均成立时，养殖户才会选择第 i 个生产行为的组合。养殖户选择第 i 个生产行为的概率为：

$$\begin{aligned} P_{nik} &= prob(V_{nik}+\varepsilon_{njk}>V_{njk}+\varepsilon_{nik};\forall j\neq i) \\ &= prob(V_{nik}-V_{njk}>\varepsilon_{njk}-\varepsilon_{nik};\forall j\neq i) \end{aligned} \tag{4.4}$$

在本章中，V_{nik} 为饲料使用行为、添加剂使用行为、兽药使用行为以及病死猪处理行为的函数：

$$V_{nik}=\beta' X_{nik} \tag{4.5}$$

其中，β' 表示待估计的参数向量，X_{nik} 表示第 i 个生产行为的属性向量。

假设随机误差项 ε_{nik} 服从类型 I 的极值分布，根据麦克法登（McFadden），养殖户选择第 i 个生产行为的概率为：

$$P_{nik}=\frac{\exp(\beta' X_{nik})}{\sum_j \exp(\beta' X_{njk})} \tag{4.6}$$

上述模型被称为多项 Logistic 模型（Multinomial Logit Model，MNL），在多项 Logistic 模型中将养殖户假定为同质的，事实上养殖户具有异质性，随机参数 Logistic 模型（Random Parameters Logit Model，RPL）允许偏好异质性的存在，因此，本章采用 RPL 模型进行研究。仍然假设 ε_{nik} 服从类型 I 的极值分布，则养殖户在 k 条件下选择生产行为 i 的概率为：

$$P_{nik}=\int \frac{\exp(\beta' X_{nik})}{\sum_j \exp(\beta' X_{njk})} f(\beta) d\beta \tag{4.7}$$

其中，$f(\beta)$ 是概率密度函数。如果 $f(\beta)$ 是离散的，则（4.7）式可进一步转化为潜在类别模型（Latent Class Model，LCM）。通过潜在类别模型可以进一步分析养殖户行为偏好的异质性。假设养殖户 n 落入第 t 个类别并选择了第 i 个生产行为的概率为 P_{nik}：

$$P_{nik}=\sum_{t=1}^{T}\frac{\exp(\beta_t' X_{nik})}{\sum_j \exp(\beta_t' X_{njk})}R_{nt} \tag{4.8}$$

其中，β_t' 是 t 类别养殖户群体的参数向量，R_{nt} 是养殖户 n 落入第 t 个类别中的概率，

$$R_{nt}=\frac{\exp(\theta_t' Z_n)}{\sum_r \exp(\theta_r' Z_r)} \tag{4.9}$$

式（4.9）中，Z_n 是影响某一类别中养殖户 n 的观测值，θ_t' 是在 t 类别中养殖户的参数向量，r 则表示第 r 个潜在类别。

本章测算的是养殖户对安全程度更高生产行为的接受意愿，激励价格是对养殖户更安全的生产行为的利润补偿。根据奥特加（Otega），我们采用接受改变的意愿（Willingness to Change，WTC）代替消费者偏好研究中的支付意愿（Willingness to Accept，WTP），接受意愿的计算公式为：[①]

$$WTC_k=-2\frac{MU_k}{MUP_p} \tag{4.10}$$

在式（4.10）中，MU_k 表示生产者选择第 k 个属性代表的行为带来的边际效用，MUP_p 为边际效用利润，表示选择该项行为带来的边际利润，采用激励价格替代。由于这里的激励价格是考虑到成本与市场价格差额的利润补偿，因此，接受改变的意愿实际上既衡量了生产者的

① D. L. Otega, *An Economic Exposition of Chinese Food Safety Issues*, Thesis of Purdue University Graduate School, 2012, pp.125–127.

支付意愿，又解释了生产者的补偿意愿。

二、变量赋值

表 4.5　模型变量赋值

变量	变量代码	变量赋值	均值
注意饲料的质量和配比用量	TIMFEED	TIMFEED=1；DOSFEED=0	—
使用没有质量问题的饲料	DOSFEED	TIMFEED=0；DOSFEED=1	—
凭经验使用饲料	EXPFEED	TIMFEED=-1；DOSFEED=-1	—
按规定剂量使用规定范围的添加剂	TIMADDI	TIMADDI=1；SCOADDI=0	—
使用规定范围的添加剂	SCOADDI	TIMADDI=0；SCOADDI=1	—
凭经验使用添加剂	EXPADDI	TIMADDI=-1；SCOADDI=-1	—
按规定剂量和休药期使用兽药	TIMDRUG	TIMDRUG=1；DOSDRUG=0	—
按规定剂量使用兽药	DOSDRUG	TIMDRUG=0；DOSDRUG=1	—
凭经验使用兽药	EXPDRUG	TIMDRUG=-1；DOSDRUG=-1	—
统一对病死猪进行无害化处理	UNIDISPO	UNIDISPO=1；SELFDISPO=0	—
自己对病死猪进行无害化处理	SELFDISPO	UNIDISPO=0；SELFDISPO=1	—
不处理病死猪	NODISPO	UNIDISPO=-1；SELFDISPO=-1	—
价格	PRICE	P1=7.5；P2=8；P3=11	—
性别	MALE	虚拟变量，男性 =1，女性 =0	0.67
年龄	AGE	连续变量	55.64
受教育程度	EDU	连续变量（取具体受教育年限）	4.76
家中是否有未成年孩子	KID	虚拟变量，是 =1，否 =0	0.46
养殖年限	YEAR	连续变量	19.67
养殖规模（出栏数）	OUTPUT	连续变量	908.19
是否专业化养殖	SPECIAL	虚拟变量，是 =1，否 =0	0.34
是否有集中处理病死猪场所	CENTRAL	虚拟变量，是 =1，否 =0	0.49

与虚拟变量赋值相比，效应代码的赋值方法能够保证所有属性的层次同等重要的被估计，因此本书采用效应代码进行赋值。变量的具

体赋值以及相应的均值见表 4.5。此外，为研究个体特征因素对养殖户生产行为偏好的影响，本书还将养殖户的性别、年龄、受教育程度等个体特征因素以及养殖年限、养殖规模、是否专业化养殖等生产特征因素纳入研究。

第三节　模型估计与结果

一、统计性描述

表 4.6 显示了生猪养殖户的基本特征。从个体特征来看，以男性养殖户为主，占样本的 66.98%；养殖户的年龄普遍较高，50 岁以上的养殖户占样本的 64.18%，年龄最大的 83 岁。受教育程度普遍较低，初中及以下学历占样本的 80.95%；超过一半的养殖户家庭人口数为 5 人以上，约 45% 的养殖户家中有 12 岁以下小孩。

表 4.6　养殖户的统计特征

	统计特征	分类指标	样本量	百分比（%）
个体特征	性别	男	144	66.98
		女	71	33.02
	年龄	30 岁以下	9	4.19
		30—50 岁	68	31.63
		51—70 岁	116	53.95
		70 岁以上	22	10.23
	受教育年限	小学及以下	85	39.53
		初中	89	41.39
		高中（包括中等职业）	31	14.42
		大专（包括高等职业技术）	7	3.26
		本科及以上	3	1.40

续表

	统计特征	分类指标	样本量	百分比（%）
个体特征	家庭人数	1人	0	0.00
		2人	17	7.91
		3人	37	17.21
		4人	42	19.53
		5人及以上	119	55.35
	12岁以下小孩	有	98	45.58
		否	117	54.42
生产特征	养猪收入占家庭总收入比重	30%及以下	47	21.86
		31%—50%	42	19.53
		51%—80%	49	22.79
		81%—90%	15	6.98
		90%以上	62	28.84
	生猪饲养劳动力占家庭总人口的比重	30%及以下	85	39.53
		31%—50%	66	30.71
		51%—80%	42	19.53
		81%—90%	8	3.72
		90%以上	14	6.51
	出栏数	0—30头	70	32.56
		31—100头	58	26.98
		101—1000头	84	39.07
		1000头以上	3	1.39
	养殖年限	0—10年	57	26.51
		11—30年	124	57.67
		30年以上	34	15.81
	专业化养殖	否	142	66.05
		是	73	33.95

从养殖情况来看，约三分之一的养殖户家庭收入的80%及以上来源于生猪养殖，但从事生猪养殖的劳动力多占家庭人口总数的一半及

以下（70.24%）；养殖规模以小规模为主，出栏量在100头以下的养殖户占样本的59.54%，多数仍以兼业为主，专业化养殖的比例占样本33.95%；养殖户的养殖年限普遍较长，平均为19.67年，养殖年限在10年以上的养殖户占样本的73.37%。

二、估计结果

应用Nlogit 6.0，分别进行主效应和交叉项的随机参数模型估计。层次的参数设置为随机服从正态分布，不选项以及价格设定为固定参数。模型1只对主效应的参数进行了估计，用于计算养殖户对不同生产方式的偏好以及不同属性的相对重要性。在模型1的基础上，模型2引入各属性与属性之间的交叉项，主要考察属性之间的交互效用。模型3引入养殖年限、受教育程度、养殖规模以及病死猪集中处理设备分别与三个层次的饲料、添加剂、兽药以及病死猪处理行为的交叉项，用来测度养殖户的个体特征以及生产特征对不同生产方式选择的影响。

（一）主效应估计

表4.7显示了主效应的参数估计结果，对于饲料和兽药的使用行为而言，注意饲料的质量和配比用量（TIMFEED）以及按照规定剂量和休药期使用兽药的估计系数最大（TIMDRUG），说明养殖户偏好更安全的饲料和兽药使用方式。但对于添加剂的使用行为，按规定剂量使用规定范围的添加剂（TIMADDI）未通过显著性检验，说明养殖户偏好较不安全的添加剂使用方式。对于病死猪处理而言，统一对病死猪进行无害化处理（UNIDISPO）的估计系数最大，说明养殖户更偏好集中处理病死猪的方式。通过计算可知，养殖户认为饲料、添加剂、兽药

使用以及病死猪处理四个生产行为的相对重要性依次为 9.54%、6.68%、23.49%、60.29%。因此，除价格属性之外，养殖户认为病死猪的处理行为最为重要，而在使用饲料、饲料添加剂以及兽药上，往往忽视其对猪肉安全的影响，在使用时随意性比较大。

表 4.7 随机参数模型主效应估计结果（模型 1）

变量	回归系数	标准误	95% 置信区间
TIMFEED	0.192**	0.078	0.039,0.344
DOSFEED	0.168**	0.074	0.024,0.313
TIMADDI	0.083	0.078	−0.071,0.237
SCOADDI	0.169**	0.074	0.024,0.314
TIMDRUG	0.632***	0.079	0.478,0.786
DOSDRUG	0.254***	0.081	0.095,0.412
UNIDISPO	1.291***	0.092	1.112,1.147
SELFDISPO	0.982***	0.085	0.816,1.148
PRICE	1.646***	0.088	1.472,1.819
CHOOSENO	12.517***	0.711	11.123,13.911
Std. Devs(TIMFEED)	0.233	0.216	−0.190,0.657
Std. Devs(DOSFEED)	0.248	0.185	−0.115,0.611
Std. Devs(TIMADDI)	0.023	0.253	−0.047,0.518
Std. Devs(SCOADDI)	0.073	0.118	−0.158,0.304
Std. Devs(TIMDRUG)	0.416***	0.123	0.174,0.658
Std. Devs(DOSDRUG)	0.477***	0.180	0.123,0.830
Std. Devs(UNIDISPO)	0.802***	0.140	0.527,1.077
Std. Devs(SELFDISPO)	0.223*	0.134	−0.400,0.486
Log likelihood	−1005.382		
McFadden R^2	0.468		
AIC	2046.8		

注：***、**、* 表示参数分别在 1%、5% 和 10% 水平显著。

（二）交叉项估计

表 4.8 的交叉项估计结果显示，注意饲料的质量和配比用量（TIMFEED）与按规定剂量使用规定范围的添加剂（TIMADDI）以及按规定剂量和休药期使用兽药（TIMDRUG）的交互效应之间两两显著为正，说明安全使用饲料、添加剂以及兽药的行为之间有相互促进的效果。但投入品的使用行为与病死猪的处理行为之间的交互效应并不显著，此外，相对不安全的生产行为之间以及与相对安全的生产行为之间，尽管交互效应没有通过显著性检验，但系数多数为负，由此也说明，某一方面不安全的生产行为可能会加剧另一方面生产行为的不安全性。

表 4.8　带属性交叉项的随机参数模型估计结果（模型 2）

变量	回归系数	标准误	95% 置信区间
TIMFEED	0.296***	0.093	0.114,0.477
DOSFEED	0.120	0.095	–0.067,0.306
TIMADDI	0.075	0.102	–0.125,0.276
SCOADDI	0.222**	0.089	0.048,0.396
TIMDRUG	0.592***	0.097	0.401,0.782
DOSDRUG	0.259***	0.087	0.088,0.430
UNIDISPO	1.407***	0.112	1.188,1.626
SELFDISPO	1.054***	0.098	0.862,1.247
PRICE	1.649***	0.094	1.465,1.833
CHOOSENO	12.586***	0.754	11.109,14.064
TIMFEED × TIMADDI	0.493***	0.116	0.266,0.721
TIMFEED × SCOADDI	0.035	0.159	–0.276,0.346
TIMFEED × TIMDRUG	0.464***	0.172	0.127,0.800
TIMFEED × DOSDRUG	–0.125	0.141	–0.402,0.152
TIMFEED × UNIDISPO	–0.116	0.149	–0.409,0.176

续表

变量	回归系数	标准误	95% 置信区间
TIMFEED × SELFDISPO	0.025	0.145	−0.259,0.308
DOSFEED × TIMADDI	0.085	0.139	−0.188,0.358
DOSFEED × SCOADDI	−0.104	0.148	−0.393,0.186
DOSFEED × TIMDRUG	−0.012	0.143	−0.292,0.269
DOSFEED × DOSDRUG	0.027	0.138	−0.245,0.298
DOSFEED × UNIDISPO	0.165	0.134	−0.099,0.428
DOSFEED × SELFDISPO	−0.043	0.143	−0.325,0.238
TIMADDI × TIMDRUG	0.215*	0.116	−0.011,0.442
TIMADDI × DOSDRUG	−0.112	0.153	−0.412,0.188
TIMADDI × UNIDISPO	0.089	0.135	−0.175,0.353
TIMADDI × SELFDISPO	0.176	0.135	−0.088,0.440
SCOADDI × TIMDRUG	0.062	0.145	−0.222,0.345
SCOADDI × DOSDRUG	0.216	0.144	−0.067,0.498
SCOADDI × UNIDISPO	0.009	0.142	−0.269,0.287
SCOADDI × SELFDISPO	−0.182	0.133	−0.442,0.079
TIMDRUG × UNIDISPO	−0.035	0.146	−0.321,0.252
TIMDRUG × SELFDISPO	0.143	0.137	−0.125,0.411
Std. Devs (TIMFEED)	0.021	0.214	−0.399,0.441
Std. Devs (DOSFEED)	0.149	0.276	−0.393,0.691
Std. Devs (TIMADDI)	0.352**	0.151	0.057,0.647
Std. Devs (SCOADDI)	0.004	0.169	−0.328,0.336
Std. Devs (TIMDRUG)	0.641***	0.118	0.409,0.872
Std. Devs (DOSDRUG)	0.170	0.195	−0.212,0.552
Std. Devs (UNIDISPO)	0.914***	0.108	0.703,1.124
Std. Devs (SELFDISPO)	0.029	0.158	−0.280,0.337
Log likelihood	−976.918		
McFadden R^2	0.483		
AIC	2033.8		

注：***、**、* 表示参数分别在 1%、5% 和 10% 水平显著。

表 4.9 显示，是否有集中处理病死猪场所（CENTRAL）与统一对病死猪进行无害化处理（UNIDISPO）的交互效应显著为正，而与自己对病死猪进行无害化处理（SELFDISPO）的交互效应显著为负，说明是否有病死猪集中处理场所是影响养殖户病死猪处理行为的主要原因，当地有病死猪集中处理场所的养殖户一般选择统一对病死猪进行无害化处理，而没有集中处理场所的养殖户只能选择自己进行无害化处理。养殖年限（YEAR）与使用没有质量问题的饲料（DOSFEED）以及统一对病死猪进行无害化处理（UNIDISPO）的行为之间具有显著的负效应，养殖年限越短的养殖户反而更关注饲料的质量，并倾向于统一处理病死猪。受教育程度（EDU）与按规定剂量使用兽药（DOSDRUG）以及统一对病死猪进行无害化处理（UNIDISPO）的行为之间具有显著的正效应，选择按规定的剂量使用兽药、统一处理病死猪等行为的通常是受教育程度较高的养殖户。养殖规模（OUTPUT）与按规定剂量使用规定范围的添加剂（TIMADDI）、使用规定范围的添加剂（SCOADDI）、按规定剂量和休药期使用兽药（TIMDRUG）、按规定剂量使用兽药（DOSDRUG）以及统一对病死猪进行无害化处理（UNIDISPO）、自己对病死猪进行无害化处理（SELFDISPO）之间都具有显著的正效应，规模越大的养殖户，无论是在饲料添加剂的使用、兽药的使用以及病死猪的处理方面都更偏好相对安全的生产方式。

表 4.9　带个体特征交叉项的随机参数模型估计结果（模型 3）

变量	回归系数	标准误	95% 置信区间
TIMFEED	0.360	0.332	–0.290,1.010
DOSFEED	0.348	0.325	–0.289,0.984
TIMADDI	0.227	0.329	–0.417,0.872

续表

变量	回归系数	标准误	95% 置信区间
SCOADDI	0.690**	0.321	0.060,1.319
TIMDRUG	1.025***	0.342	0.355,1.695
DOSDRUG	0.693*	0.364	−0.020,1.405
UNIDISPO	0.662**	0.336	0.003,1.321
SELFDISPO	0.498	0.344	−0.176,1.172
PRICE	1.853***	0.101	1.655,2.051
CHOOSENO	14.224***	0.812	12.633,15.816
TIMFEED × CENTRAL	−0.052	0.168	−0.381,0.278
TIMFEED × YEAR	0.012	0.008	−0.004,0.027
TIMFEED × EDU	0.025	0.031	−0.035,0.086
TIMFEED × OUTPUT	0.129	0.098	−0.064,0.322
DOSFEED × CENTRAL	0.114	0.165	−0.210,0.438
DOSFEED × YEAR	−0.015*	0.008	−0.031,0.001
DOSFEED × EDU	0.030	0.030	−0.028,0.088
DOSFEED × OUTPUT	−0.019	0.095	−0.205,0.167
TIMADDI × CENTRAL	0.003	0.174	−0.339,0.345
TIMADDI × YEAR	0.009	0.008	−0.006,0.025
TIMADDI × EDU	0.045	0.031	−0.016,0.106
TIMADDI × OUTPUT	0.396***	0.102	0.196,0.596
SCOADDI × CENTRAL	0.218	0.166	−0.107,0.542
SCOADDDI × YEAR	−0.005	0.008	−0.020,0.010
SCOADDI × EDU	0.003	0.030	−0.056,0.062
SCOADDI × OUTPUT	0.259***	0.095	0.072,0.445
TIMDRUG × CENTRAL	0.098	0.165	−0.224,0.421
TIMDRUG × YEAR	0.002	0.008	−0.013,0.017
TIMDRUG × EDU	0.047	0.029	−0.011,0.104
TIMDRUG × OUTPUT	0.311***	0.097	0.122,0.500
DOSDRUG × CENTRAL	0.013	0.182	−0.346,0.371
DOSDRUG × YEAR	0.006	0.009	−0.011,0.023

续表

变量	回归系数	标准误	95% 置信区间
DOSDRUG × EDU	0.064*	0.033	−0.001,0.129
DOSDRUG × OUTPUT	0.283***	0.106	0.076,0.490
UNIDISPO × CENTRAL	0.294*	0.171	−0.041,0.630
UNIDISPO × YEAR	−0.015*	0.008	−0.031,0.001
UNIDISPO × EDU	0.073**	0.031	0.013,0.134
UNIDISPO × OUTPUT	0.324***	0.101	0.126,0.522
SELFDISPO × CENTRAL	−0.026**	0.010	−0.046,−0.006
SELFDISPO × YEAR	−0.009	0.008	−0.025,0.008
SELFDISPO × EDU	0.005	0.031	−0.055,0.065
SELFDISPO × OUTPUT	0.388***	0.101	0.190,0.587
Std. Devs (TIMFEED)	0.184	0.201	−0.210,0.579
Std. Devs (DOSFEED)	0.300**	0.148	0.009,0.590
Std. Devs (TIMADDI)	0.039	0.131	−0.217,0.295
Std. Devs (SCOADDI)	0.158	0.119	−0.075,0.391
Std. Devs (TIMDRUG)	0.343***	0.115	0.116,0.569
Std. Devs (DOSDRUG)	0.566***	0.131	0.310,0.822
Std. Devs (UNIDISPO)	0.264***	0.052	0.162,0.366
Std. Devs (SELFDISPO)	0.344***	0.130	0.090,0.598
Log likelihood	−900.014		
McFadden R^2	0.524		
AIC	1900.0		

注：***、**、* 表示参数分别在 1%、5% 和 10% 水平显著。

（三）规模分组估计

表 4.9 的结果显示，养殖规模与各项安全生产行为之间存在显著的交互效应，为进一步考察不同规模的养殖户对不同安全生产方式的偏好，本章将样本依据养殖规模进行分组。《中国畜牧业统计年鉴》将生猪养殖业根据养殖的规模划分为四类，分别为散户（出栏量小于等于 30 头），小规模养殖户（出栏量在 31—100 头），中规模养殖户（出栏

量为 101—1000 头），以及大规模养殖户（出栏量在 1000 头以上）。由于本次调查的大规模养殖户仅有 3 个，为保证不同规模之间样本的平衡性，同时也为了分类估计能够实现，本章将出栏量在 101—500 头之间的划分为中规模养殖户，将出栏量在500头以上的划分为大规模养殖户，散户与小规模仍按照《中国畜牧业统计年鉴》的标准进行划分。不同规模的养殖户对不同安全生产方式偏好的模型回归结果如表 4.10 所示。

总体而言，四组养殖户对按规定剂量和休药期使用兽药（TIMDRUG）的偏好显著为正，表明无论是散户、中小规模还是大规模养殖户在兽药的使用方面都偏好更安全的生产行为，不仅按照规定的剂量使用兽药，而且遵守规定的休药期。

表 4.10　不同规模的养殖户对不同安全生产方式的偏好

变量	散户出栏数 30 头及以下		小规模出栏数 31—100 头	
	系数	标准误	系数	标准误
TIMFEED	0.604***	0.196	−0.322*	0.190
DOSFEED	−0.041	0.200	0.023	0.198
TIMADDI	−0.286	0.194	0.154	0.195
SCOADDI	0.376**	0.174	0.098	0.183
TIMDRUG	0.782***	0.181	0.488***	0.171
DOSDRUG	−0.233	0.205	0.018	0.179
UNIDISPO	0.931***	0.204	1.621***	0.191
SELFDISPO	1.142***	0.236	1.301***	0.191
PRICE	2.926***	0.244	1.824***	0.184
CHOOSENO	21.372***	1.891	13.883***	1.453
Log likelihood	−212.420		−219.896	
R^2	0.586		0.542	
AIC	488.8		503.8	
N	70		58	

续表

变量	中规模出栏数 101—500 头		大规模出栏数 500 头以上	
	系数	标准误	系数	标准误
TIMFEED	0.298	0.219	0.922**	0.399
DOSFEED	0.170	0.250	-0.035	0.319
TIMADDI	0.102	0.230	0.695**	0.305
SCOADDI	0.285	0.220	0.066	0.375
TIMDRUG	0.549**	0.219	0.561*	0.318
DOSDRUG	0.902***	0.234	0.460*	0.262
UNIDISPO	1.446***	0.226	2.371***	0.372
SELFDISPO	1.591***	0.250	1.748***	0.345
PRICE	2.154***	0.263	1.803***	0.264
CHOOSENO	16.854***	2.102	15.185***	2.175
Log likelihood	-163.661		-134.996	
R^2	0.582		0.611	
AIC	391.3		334.0	
N	47		40	

注：***、**、* 表示参数分别在 1%、5% 和 10% 水平显著。

从安全生产行为的总体偏好来看，大规模养殖户对安全生产行为的偏好最高，在饲料、添加剂和兽药的使用方面都偏好采用最安全的生产方式。对于病死猪的处理而言，均偏好对病死猪进行无害化处理，但统一对病死猪进行无害化处理（UNIDISPO）的系数更高，说明大规模养殖户更偏好对病死猪进行统一的无害化处理。散户对安全生产行为的偏好也较高，除在饲料添加剂的使用方面更偏好较不安全的生产方式外［散户更偏好使用规定范围的添加剂（SCOADDI），但并不偏好按规定剂量使用规定范围的添加剂（TIMADDI），也就是说，散户在使用饲料添加剂时，更可能存在超量使用添加剂的不安全生产行为］，对于饲料和兽药的使用以及病死猪的处理都显著偏好最安全的生产行为，但自己对病死猪进行无害化处理（SELFDISPO）的系数更高，说明散户更倾向于自己对病死猪进行无害化处理。

小规模与中规模的养殖户对安全生产行为偏好的表现则不如散户与大规模养殖户。具体而言，小规模的养殖户对注意饲料的质量和配比用量（TIMFEED）的偏好显著为负，由此可见，小规模养殖户普遍倾向选择不按规定的配比用量使用饲料、不注重饲料质量等不规范的生产行为。此外，小规模养殖户对按规定剂量使用规定范围的添加剂（TIMADDI）的偏好也不显著，由此可推断小规模养殖户可能存在不规范使用饲料添加剂的行为。对于中规模的养殖户而言，其对注意饲料的质量和配比用量（TIMFEED）以及按规定剂量使用规定范围的添加剂（TIMADDI）偏好也不显著，说明中规模的养殖户在使用饲料和饲料添加剂时也极有可能出现不规范的行为。

（四）潜在类别模型估计

上述几个模型的方差估计结果均显示，养殖户对不同生产行为的偏好存在异质性。因此，本章接下来利用潜在类别模型，进一步分析不同类型的养殖户对安全生产行为的偏好差异。首先确定分类数，对比类别数为 2、3、4、5、6 的 AIC 和 BIC 值，当分类数为 3 时，其值最小，分别为 1568.7，1041.3，表明模型的适配情形最好，因此选定 3 为潜在类别模型的分类数。此外，在进行潜在类别回归时，还同时考虑了受教育程度、养殖年限、养殖规模等个人统计特征对养殖户落入哪一类别的影响，最终的估计结果如表 4.11 所示。从结果来看，可以将养殖户分为“拒绝安全生产的养殖户”“偏好安全生产的养殖户”以及“中立者”，三个类别的比例分别为 18.3%、32.6% 和 49.1%。

首先是拒绝安全生产的养殖户。落入该组的养殖户无论是在饲料、饲料添加剂还是兽药的使用方面，都偏好安全程度较低的生产行为，由类别 1 的回归结果可知注意饲料的质量和配比用量（TIMFEED）、使用没有质量问题的饲料（DOSFEED）、按规定剂量使用规定范围的添加剂（TIMADDI）、按规定剂量和休药期使用兽药（TIMDRUG）的系数均为负，其中使用没有质量问题的饲料（DOSFEED）的系数显著为负，表明养殖户并不偏好使用没有质量问题的饲料，这对猪肉的安全具有十分重要的影响。此外，不选项系数的绝对值在三组中最大，因此可将这一类养殖户归为拒绝安全生产的养殖户。此类养殖户的价格系数绝对值也在三组中最高，可能其对激励的价格相对更为敏感，由此推断其不愿意进行安全生产的原因，可能是受补偿的价格无法弥补其安全生产的成本所限。另外，尽管此类养殖户在使用饲料、添加剂以及兽药方面相对偏好安全程度低的生产行为，但在病死猪的处理方面，仍然偏好无害化处理的方式。

表 4.11　潜在类别模型的参数估计结果

变量	类别 1		类别 2		类别 3	
	回归系数	标准误	回归系数	标准误	回归系数	标准误
TIMFEED	−0.419	0.618	0.357*	0.182	0.044	0.129
DOSFEED	−1.442**	0.715	0.445**	0.179	0.249**	0.121
TIMADDI	−1.258	0.810	0.509***	0.193	0.064	0.130
SCOADDI	1.779**	0.736	0.275*	0.167	0.151	0.116
TIMDRUG	−0.457	0.517	1.218***	0.196	0.682***	0.124
DOSDRUG	0.617	0.684	1.126***	0.175	−0.126	0.137
UNIDISPO	2.039*	1.207	2.697***	0.407	1.674***	0.155
SELFDISPO	2.316**	1.066	1.729***	0.403	1.406***	0.145
PRICE	11.004**	4.410	0.471***	0.156	2.255***	0.184

续表

变量	类别 1		类别 2		类别 3	
	回归系数	标准误	回归系数	标准误	回归系数	标准误
CHOOSENO	78.380**	31.658	5.089***	1.263	17.100***	1.439
Probabilities	0.183		0.326		0.491	
Log likelihood	–746.365					
McFadden R^2	0.605					
AIC	1568.7					

注：***、**、* 表示参数分别在 1%、5% 和 10% 水平显著。

第二类是偏好安全生产的养殖户。从类别 2 的估计结果可以看出，落入该类别的养殖户在饲料、饲料添加剂、兽药以及病死猪处理等方面进行安全生产行为的偏好均显著为正。表明此类养殖户在使用饲料时，不仅偏好使用没有质量问题的饲料，还注重饲料的配比用量；在使用添加剂时，愿意使用规定范围的添加剂并且遵守相应规定的剂量；在使用兽药时，不仅注意兽药的使用范围和剂量，还遵守规定的休药期；在处理病死猪方面，也偏好对病死猪进行无害化处理。这一类的养殖户的所占比例为 32.6%，也就是说，仅有不到三分之一的养殖户是偏好进行安全生产的，由此也说明猪肉安全的严峻性。

第三类是中立者。落入该类别的养殖户既没有表现出对安全生产的偏好，也不明显拒绝进行安全生产。从回归结果来看，有少数安全生产行为的系数，比如使用没有质量问题的饲料、按规定剂量和休药期限使用兽药（DOSFEED、TIMDRUG）显著为正，大部分的系数均没有通过显著性检验，但此类养殖户对病死猪的处理仍是偏好无害化处理的方式。总体而言，此类养殖户虽然表现出较为中立的安全生产偏好，但通过经济激励以及科学引导，很有可能成为安全生产的偏好者。

这一类别的养殖户比例为49.1%，占总样本的近一半。

根据式（4.10）可以计算出养殖户对不同安全生产方式的接受意愿。本书考察的是养殖户生产行为的改变意愿（WTC），因此，当计算的养殖户改变意愿系数为正时，表示他们不需要补偿就愿意改变生产方式，当计算的养殖户改变意愿系数为负时，表示其需要一定的补偿才愿意改变生产方式，系数越大表示养殖户所需要的补偿越高。

（五）养殖户对改变生产行为的接受意愿

表4.12显示了两种模型估计下养殖户对安全生产方式的接受意愿。总体而言，随机参数模型的结果显示养殖户对安全生产的接受意愿均为正，潜在类别模型则反映了不同类别的养殖户在接受意愿上的异质性。

首先，两种模型中统一对病死猪进行无害化处理（UNIDISPO）、自己对病死猪进行无害化处理（SELFDISPO）的估计结果均显示，养殖户对无害化处理病死猪的接受意愿最高，并且，大多偏好对病死猪进行集中的无害化处理，由RPL模型、类别2、类别3的估计结果可知，养殖户对集中处理病死猪的接受额度分别为正的1.645元/500克、11.466元/500克和1.485元/500克。但养殖户对规范使用饲料以及饲料添加剂的接受意愿普遍较低，RPL模型的估计结果显示，养殖户对按规定剂量使用规定范围的添加剂（TIMADDI）的接受意愿相对于其他生产行为而言最低。

对不同类别的养殖户而言，其偏好的异质性表现得非常明显，对于类别1的养殖户，其对安全生产的接受意愿大多为负，表明此类养殖户不愿意进行安全生产，促使养殖户进行安全生产需要提供相应的补偿。除去愿意对病死猪进行无害化处理外，仅对使用规定范围的添加剂(SCOADDI)的接受意愿为正。类别2的养殖户为安全生产偏好者，对安全生产的接受意愿均为正，除对病死猪无害化处理的接受意愿最高外（UNIDISPO、SELFDISPO对应的额度分别为11.466元/500克和7.348元/500克），对按规定剂量和休药期使用兽药（TIMDRUG）的接受意愿也非常高，相对于凭经验使用兽药，养殖户对按规定剂量和休药期使用兽药的接受额度提高了5.176元/500克。类别3的养殖户的偏好则较为复杂，其对按规定剂量使用兽药（DOSDRUG）的接受意愿为负，但对按规定剂量和休药期使用兽药（TIMDRUG）以及使用没有质量问题的饲料（DOSFEED）的接受意愿则相对较高。

表4.12 两种模型估计的不同养殖户对采取不同生产行为的接受意愿

变量	RPL模型	LCM模型		
	主效应回归	类别1	类别2	类别3
TIMFEED	0.221 [0.208,0.235]	−0.076	1.518	0.039
DOSFEED	0.203 [0.188,0.218]	−0.262	1.891	0.221
TIMADDI	0.101 [0.099,0.102]	−0.229	2.163	0.057
SCOADDI	0.206 [0.201,0.211]	0.323	1.170	0.134
TIMDRUG	0.792 [0.754,0.826]	−0.083	5.176	0.605
DOSDRUG	0.313 [0.260,0.363]	0.112	4.786	−0.111
UNIDISPO	1.645 [1.552,1.741]	0.371	11.466	1.485
SELFDISPO	1.180 [1.160,1.201]	0.421	7.348	1.247

注：***、**、* 表示参数分别在1%、5%和10%水平显著。

三、稳健性检验

为了检验上述随机参数模型和潜在类别模型估计结果的稳健性，本书将利用剔除不选项之后的样本重新进行估计，以确定模型估计结果的非随机性。

从样本统计结果来看，在 215 份样本中总是选择“不选项”的样本数为 11 个，占样本总量的 5.12%。在选择实验中，如果样本中有人总是选择“不选项”，会导致“现状效应（Status Quo Effect）”的出现，需要考虑“现状效应”对估计结果的影响。因此，本书的稳健性检验就是要检验在剔除“不选项”的样本之后估计结果与之前估计结果是否存在显著差异。

首先，对主效应随机参数模型回归、带属性交叉项的随机参数模型回归以及带个体特征交叉项的随机参数模型回归进行检验，结果如表 4.13 所示，对比表 4.7、表 4.8 以及表 4.9 的结果可以看出，尽管估计的系数存在一定的差别，但估计结果的符号以及显著性并没有发生变化。因此，在剔除“不选项”样本之后，模型的估计结果与剔除之前的估计结果具有较高的一致性。

为检验规模分组回归结果的稳健性，本书同样用剔除“不选项”之后的样本进行回归，结果如表 4.14 所示，对比表 4.10 的结果可知，两者并不存在太大差异。

表 4.13　主效应和带交叉项的随机参数模型的稳健性检验

变量	主效应回归		带属性交叉项		带个体特征交叉项	
	回归系数	标准误	回归系数	标准误	回归系数	标准误
TIMFEED	0.201**	0.082	0.284***	0.098	0.309	0.333
DOSFEED	0.183**	0.078	0.129	0.103	0.228	0.304
TIMADDI	0.099	0.083	0.011	0.097	0.216	0.317
SCOADDI	0.114**	0.078	0.163**	0.090	0.525**	0.315
TIMDRUG	0.639***	0.085	0.530***	0.094	0.840***	0.347
DOSDRUG	0.274***	0.084	0.294***	0.097	0.727*	0.377
UNIDISPO	1.301***	0.095	1.326***	0.107	0.409**	0.106

续表

变量	主效应回归		带属性交叉项		带个体特征交叉项	
	回归系数	标准误	回归系数	标准误	回归系数	标准误
SELFDISPO	1.025***	0.091	1.141***	0.111	0.504	0.341
PRICE	1.685***	0.093	1.705***	0.104	1.874***	0.112
CHOOSENO	12.699***	0.748	12.908***	0.830	14.251***	0.897
Log likelihood	–923.419		–898.960		–808.257	
McFadden R^2	0.477		0.491		0.543	
AIC	1882.8		1877.9		1716.5	

注：***、**、* 表示参数分别在 1%、5% 和 10% 水平显著。

表 4.14 不同规模分组的稳健性检验

变量	散户		小规模		中规模		大规模	
	回归系数	标准误	回归系数	标准误	回归系数	标准误	回归系数	标准误
TIMFEED	0.590***	0.205	–0.241*	0.152	0.297	0.318	0.361*	0.242
DOSFEED	–0.109	0.213	0.173	0.146	0.114	0.266	–0.138	0.2230
TIMADDI	–0.465*	0.233	0.138	0.153	0.137	0.328	0.735***	0.275
SCOADDI	0.742***	0.225	0.079	0.147	0.337	0.289	0.246	0.215
TIMDRUG	0.670***	0.226	0.467***	0.145	1.615**	0.367	1.209***	0.251
DOSDRUG	–0.430	0.228	0.204	0.156	1.305***	0.305	0.531**	0.230
UNIDISPO	0.973***	0.209	1.532***	0.165	2.877***	0.432	2.275***	0.345
SELFDISPO	1.461***	0.258	1.230***	0.163	2.913***	0.442	1.687***	0.310
PRICE	4.032***	0.537	1.710***	0.169	1.801***	0.334	0.652***	0.202
CHOOSENO	29.871***	4.105	13.020***	0.134	14.926***	2.760	5.775***	1.632
Log likelihood	–192.782		–198.485		–145.3608		–150.715	
R^2	0.673		0.574		0.6405		0.510	
AIC	421.6		433.0		326.7		337.4	
N	67		53		46		35	

注：***、**、* 表示参数分别在 1%、5% 和 10% 水平显著。

此外，本书还对潜在类别模型进行了稳健性检验，结果见表 4.15，对比表 4.11 的结果同样可以看出，剔除“不选项”的样本之后，并没有对分组结果产生影响，由此可以证明，本书的模型具有较强的稳健性。

表 4.15　潜在类别模型的稳健性检验

变量	类别 1		类别 2		类别 3	
	回归系数	标准误	回归系数	标准误	回归系数	标准误
TIMFEED	−0.572	1.316	0.444**	0.188	0.035	0.147
DOSFEED	−1.433**	1.420	0.402*	0.219	0.214**	0.146
TIMADDI	−1.406	1.369	0.733***	0.213	0.038	0.134
SCOADDI	1.837*	1.065	0.123	0.194	0.205	0.143
TIMDRUG	−0.428	0.635	1.301***	0.206	0.614***	0.147
DOSDRUG	0.577	0.881	1.063***	0.181	−0.134	0.183
UNIDISPO	2.080*	2.586	3.150***	0.765	1.663***	0.151
SELFDISPO	2.196**	2.848	2.343***	0.772	1.381***	0.132
PRICE	11.042**	10.202	0.544***	0.147	2.235***	0.174
CHOOSENO	78.547**	74.177	5.838***	1.376	16.910***	1.337
Probabilities	0.194		0.337		0.469	
Log likelihood	−659.4910					
McFadden R^2	0.6267					
AIC	1395.0					

注：***、**、* 表示参数分别在 1%、5% 和 10% 水平显著。

第四节　结论分析与政策建议

一、主要结论

本章根据危害分析与关键控制点的指导，通过对猪肉安全风险来源的分析，确定生猪养殖环节影响猪肉安全的关键生产行为。借助选择实验法，分析了养殖户对四种不同安全程度的生产行为的偏好，并考察了不同规模的养殖户之间偏好的异质性。本章的主要研究结论是：

第一，在四种影响猪肉安全的关键生产行为中，养殖户认为病死猪的处理行为最为重要，其次是兽药的使用行为。由于近年来监管部门加大了对随意丢弃病死猪、出售病死猪的处罚力度，迫使养殖户在处理病死猪时更为谨慎。此外，受无害化处理病死猪补贴以及政府宣传的影响，养殖户已普遍认识到无害化处理病死猪的重要性。因此，在四种关键的生产行为中，对病死猪的处理行为赋予了最高的权重。对四组不同规模养殖户的回归也显示，无论是大中小规模的养殖户还是散户，在病死猪处理和兽药的使用方面都偏好安全程度较高的生产行为。

第二，养殖户对安全使用饲料行为的偏好与安全使用添加剂以及兽药行为的偏好之间存在显著的正相关性，说明安全使用饲料、添加剂以及兽药的行为之间有显著的相互促进效果，而相对不安全的生产行为与相对安全的生产行为之间的系数多数为负。因此，某一方面不安全的生产行为可能会加剧另一方面生产行为的不安全性。

第三，是否有病死猪集中处理场所是影响养殖户病死猪处理的主要原因，尽管规模养殖户有条件自己对病死猪进行处理，但他们更愿意对病死猪进行集中的无害化处理。而散户由于病死猪的数量有限，更倾向于自己处理病死猪。受教育年限正向影响养殖户的兽药使用行为以及病死猪处理行为，而养殖年限则与养殖户的饲料使用行为和病死猪处理行为负相关。

第四，多数养殖户仍然偏好较不安全的饲料添加剂使用行为。这一点对于中小规模（出栏量为 30—500 头）的养殖户尤为突出，对不同规模养殖户的回归结果显示，中小规模的养殖户对规范使用饲料添加剂行为的偏好均不显著。总体而言，相对于散户和大规模养殖户，中小规模的养殖户反而更偏好较不安全的生产行为。

第五，养殖户对安全生产行为的偏好存在异质性，18.3% 的养殖户拒绝进行安全生产，其在饲料、添加剂和兽药的使用方面均偏好安全程度低的生产行为，32.6% 的养殖户是安全生产的偏好者，有接近一半的养殖户表示中立，其对安全生产行为的偏好较为复杂。总体而言，三种类型的养殖户在病死猪的处理方面都较为一致地偏好对病死猪进行集中的无害化处理。

二、政策建议

本章的研究结论对如何规范养殖户的生产行为，保障猪肉的安全具有一定的参考意义。首先，生猪养殖环节影响猪肉安全的关键生产行为包括饲料、添加剂、兽药的使用以及病死猪的处理行为，政府及其相关部门要对这些生产行为进行重点监管，降低这些行为可能导致的猪肉安全风险。其次，养殖户在使用饲料以及饲料添加剂时普遍存在不规范的行为，尤其是对于成本—收益最为敏感的中小规模养殖户，其受经济利益的刺激，出现不规范生产行为的可能性最高。因此，政府在加强对中小养殖户监管的同时，还要通过经济手段引导养殖户采取更为规范的养殖行为。最后，针对当前小规模养殖户在使用饲料时普遍存在的不注重饲料质量和配比用量的情况，政府以及相关部门应当加强对小规模养殖户的宣传和培训，引起养殖户对饲料使用行为的重视。此外，还应当加强对养殖户购入的饲料的质量监控，保证养殖户通过正规渠道购买饲料，可以通过对固定品牌饲料提供补贴的形式，鼓励养殖户购买更为安全可靠的饲料。

为进一步探讨影响食品质量和安全的生产行为，本章以生猪养殖户为研究对象，采用选择实验法分析了养殖户对不同安全程度的生产行为的偏好。本书的第二章和第三章为选择实验的各层次属性设置提供了支撑：第二章确定了养殖户影响猪肉安全的四个关键的生产行为；第三章为激励价格的设置提供理论基础。本章在此基础上，根据养殖户的具体生产行为以及实际调研结果对属性进行层次划分，以此设计选择实验的选项卡并展开调研。通过随机参数模型和潜在类别模型，本章分析了养殖户对影响猪肉安全的不同程度的生产行为的偏好的异质性。从回归的结果可以看出，养殖户的偏好具有明显的异质性，不同类别、不同规模的养殖户对不同的生产行为以及不同安全层次水平的生产行为偏好都表现出很大的差异。本章的分析不仅得出了具有针对性的政策建议，也为接下来分析影响猪肉质量的生产行为提供了启示，并为后续影响因素的研究提供了基础。接下来，本书的第六章将采用类似的方法继续分析影响猪肉质量的养殖户生产行为。

第五章　生猪养殖户对不同生产行为的偏好研究：基于食品质量的视角

第四章基于食品安全的角度研究了生猪养殖户对不同生产行为的偏好，本章在上一章的基础上，从食品质量的角度，对生猪养殖户的行为偏好做进一步的研究。与第四章类似，影响食品质量的生产行为也是一个非常复杂的整体，不仅涉及多个属性；同时，每一个属性也包含多个层次。因此，本章的研究仍然采用选择实验法，同时考虑多个关键生产行为以及每一个生产行为包含多个层次的问题。

第一节　属性和水平设计

一、生产行为的属性与水平

根据第二章文献综述的分析，食品的质量风险主要来源于食品的品质风险、动物福利风险、环境卫生风险以及生产过程风险等，对应于生猪养殖环节，影响猪肉质量的关键点主要包括品种选择、动物福利、信息记录以及卫生环境四个方面。因此，考察影响猪肉质量的关键生产行为主要从养殖户的品种选择行为、信息记录行为、污水粪便处理行为以及对待动物福利的态度入手。依据实际调研情况和相关资料，对影响猪肉质量的四个关键的生产行为依次进行层次划分。

首先是品种的选择。猪肉的品质在很大程度上受遗传因素的影响，猪的品种不同，携带的遗传因素自然不同。因此，猪肉的品质很大一部分要受到生猪品种的影响。目前，我国市场上生猪的品种比较复杂，多以国外进口的杜洛克、长白、大白三个品种的猪杂交生产的三元猪为主，也不乏与本地品种的杂交。但是，由于我国地域广阔、历史悠久，长期以来形成的地方猪种数量庞大，根据1986年联合国粮农组织（FAO）的统计，我国地方猪的品种有48个，目前这一数目已增至68个，加上培育以及驯化的品种，总数达到86个之多。一般而言，进口猪种生长周期短，饲料转化率高，具有经济效益的优势，地方猪种则更侧重于繁殖的性能和饲料消化效率，肉质口感更佳，很难笼统地判断哪一个品质更优。加之生猪品种的复杂性，在层次设计时，无法简单地罗列生猪的品种。因此，对于品种的选择行为，本书只将其表述为优质品种、较优品种和普通品种三个层次，请养殖户根据各自的情况进行选择。另外，由于本属性针对的是生猪养殖环节养殖户的品种选择问题，因此没有采用市场上常见的“绿色猪肉”“有机猪肉”“可追溯猪肉”的分类方式。这些猪肉的分类依据是对猪肉生产的全过程进行考察，并且，“绿色猪肉”与“有机猪肉”对饲料和添加剂的使用要求，与本书上一章的属性设计相重合，实际更侧重于猪肉的安全问题。

其次是养殖信息的记录管理。根据农业部《关于加快推进动物检疫标识及疫病可追溯体系建设工作的意见》《畜禽标识和养殖档案管理办法》以及《动物免疫标识管理办法》等的规定，仔猪在首次接受免疫注射后需要佩戴耳标，作为生猪的身份标识，没有佩戴耳标的生猪不能进入市场，任何单位和个人，不得收购、屠宰及运输无免疫耳标的生猪。耳标的佩戴也是追溯信息管理的基础，耳标上记录的档案信息包括耳标号码、养殖户的姓名、地址，生猪的品种、性别、出生日期，接受免疫的日期、疫苗的名称、批次等情况，以及出栏的时间、用途、运输的目的地等信息，仔猪还应记录动物的父母本信息。然而，根据预调研的结果显示，多数养殖户虽然给生猪佩戴了耳标，但是对养殖信息的记录却并不规范。一方面，受耳标、识读器等追溯硬件设备在散户、小规模养殖户中推广不足的影响；另一方面，受养殖户的接受能力和文化水平的限制，养殖户在记录档案时，内容往往不全面。多数养殖户仅记录养殖户的信息以及仔猪的父母本信息，但对于防疫信息、疾病及兽药使用信息、出栏信息等难以做到全面的记录。因此，本书依据养殖户信息记录的详细程度，将养殖信息的记录管理划分为三个层次，即记录养殖户的信息，记录养殖户和仔猪的父母本信息以及记录养殖过程的全部信息。

然后是动物福利方面。福利是指个体在环境中的状态，根据英国农场动物福利委员会（FAWC）的定义，动物福利包含生理福利、环境福利、卫生福利、行为福利以及心理福利五个方面，其中心理福利属于较高层次的福利。由于动物福利的内涵十分丰富，根据福利的定义以及相关研究，本书选取环境福利作为衡量动物福利的关键指标。[①] 根据预调研结果显示，我国的生猪养殖普遍存在饲养密度过高的问题，密集饲养对猪舍的温度、湿度、有害气体的排放均会造成较大的影响，狭窄的饲养空间不仅不能使猪只按照自然的天性进行生产生活，而且容易造成拥挤和踩踏现象。鉴于生猪养殖的密集程度，活动空间的大

① D. M. Broom, "Animal Welfare: Concepts and Measurement", *Journal of Animal Science*, 1991, Vol. 69, No. 10.Y. K. Ng, "Towards Welfare Biology: Evolutionary Economics of Animal Consciousness and Suffering", *Biology & Philosophy*, Vol.10, No.3, 1995.

小，猪舍的温度、湿度、气味以及通风程度等是影响生猪环境福利的重要因素。因此，本书将动物福利按照猪舍环境的好坏划分为三个层次，分别为猪舍空间狭窄通风较差，猪舍空间一般、通风一般和猪舍空间宽敞通风良好。

最后是卫生环境方面。值得注意的是，本书考察的卫生环境属性不同于上述动物福利属性中提到的环境福利属性。动物的环境福利主要是针对生猪本身所处的环境状态，从能否为生猪提供舒适的场所出发，选择考察猪舍的空间大小和通风状况。而这里所提到的卫生环境，主要是针对生猪养殖整个生产过程对周围环境造成的影响。生猪养殖过程中不可避免地产生污水、粪便等污染物，这些污染物如果不经处理直接排放，会对周围环境造成严重的影响，不仅影响水体健康、危害农田土壤，甚至可能传播疾病和寄生虫，威胁饲养人员的健康。根据 2010 年发布的《第一次全国污染源普查公报》显示：畜禽养殖业的主要水污染物，如化学需氧量、总磷以及总氮的排放量占农业污染的 96%、56% 和 38%。由此可见，禽畜养殖业造成的环境污染已经成为农业污染的最主要来源。在美国的果蔬质量安全培训手册中，已将养殖过程的环境友好程度作为衡量产品质量的重要标准。随着消费者对环境问题的关注，越来越多的研究开始将环境卫生纳入衡量食品质量的指标当中。鉴于此，本书依据养殖户对污水粪便的处理行为，将环境卫生的属性划分为三个层次，包括不处理污水粪便、简单地处理污水粪便后还田，以及通过专门的设备进行处理。

二、激励价格的测算

与第四章影响猪肉安全的生产行为不同，影响猪肉质量的生产行为不会对消费者的身体健康造成直接的影响，但会对消费者造成经济上的损失。相对于影响猪肉安全的生产行为，影响猪肉质量的生产行为或表现得更为隐蔽（例如，仔猪的选择行为），或由于其造成外部性具有更大的经济激励（如污水粪便的随意排放行为）。因此，促使养殖户采取提高猪肉质量的激励价格也与提高猪肉安全的激励价格不尽相同。但作为同样在激励相容框架下进行分析的养殖户生产行为，第三章构建的委托—代理模型在本章中仍然适用。

根据第三章的分析，养殖户的最优决策由以下方程决定：

$$w_1 = -E\frac{\pi_{12}}{cz(\pi_{22}\pi_{11} - \pi_{21}\pi_{12})} \tag{5.1}$$

$$w_2 = E\frac{\pi_{11}}{cz(\pi_{22}\pi_{11} - \pi_{21}\pi_{12})} \tag{5.2}$$

式（5.1）表示的是购买者购买的产品质量没有达到质量预期时，支付给养殖户的费用，其值为负，表示对生产者的惩罚。其中 E 表示养殖户额外付出的努力成本，$\frac{\pi_{12}}{cz(\pi_{22}\pi_{11} - \pi_{21}\pi_{12})}$是调整因子，它受抽检的强度，追溯的准确率，不规范的生产行为下产生劣质产品和优质产品的概率以及规范的生产行为下产生优质产品和劣质产品的概率的影响。式（5.2）表示的是购买者购买的产品质量达到预期时支付给养殖户的费用，同样地，E 表示养殖户额外付出的努力成本，$\frac{\pi_{11}}{cz(\pi_{22}\pi_{11} - \pi_{21}\pi_{12})}$为调整因子，与式（5.1）不同的是，当购买者购买的产品达到预期时，购买者对其的支付为正，表示对于养殖户生产优质产品的激励。对于两种情况而言，调整因子均受追溯准确率和抽检准确率的影响，所不同的是不同的概率对其的影响不同。

在式（5.1）和式（5.2）中，E 均表示生产高质量的产品所需付出的努力，对于养殖户而言，提高猪肉的质量不仅需要增加额外的劳动投入，而且会增加额外的成本，根据前面的分析，养殖户提高猪肉的质量主要需要增加四个方面的投入：购买优质品种的仔猪付出的额外投入，扩建猪舍、增加空间的投入，完整记录养殖信息的投入以及处理污水粪便的投入。增加的投入从成本分类来看，其中仔猪购买属于可变成本，信息记录属于人工成本，扩建猪舍、建造污水粪便处理池则属于固定成本。由于不同规模的养殖户固定成本和可变成本不同，为求统一，所有的成本均以500克为单位计算。表5.1显示了2015年江苏省生猪养殖户在仔畜投入、人工投入以及固定资产折旧方面的情况。可以为本书测算额外的投入成本提供参考。

表5.1 江苏省各个规模养殖户的投入费用（2015年）

单位：元/头

	仔畜费	每头人工成本	劳动日工价	固定资产折旧	工具材料费	修理维护费	固定投入合计	管理投入合计
散户	300.80	312.39	78.00	5.95	2.15	1.18	9.28	0.07
小规模	388.45	175.07	78.00	5.92	2.55	1.65	10.12	0.31
中规模	500.69	129.07	78.00	8.95	1.88	1.74	12.57	1.98
大规模	499.97	69.59	78.00	15.95	3.65	3.86	23.46	7.70
平均	422.48	171.53	78.00	9.19	2.56	2.11	13.86	2.52

资料来源：根据《全国农产品成本收益资料汇编2016》整理。

可变成本方面，从表5.1来看，养殖户在仔畜方面的平均投入是422元/头。由于统计资料中没有提供各仔畜品种的差价，因此对于投入品种的成本计算还需要结合实际调研的结果来确定。根据预调研的结果以及市场行情，仔猪的价格受生猪价格波动的影响较大，在不同地区和不同月份也会有较大的差别。2016年11月，江苏省仔猪的平均价格约为17.82元/500克，其中外三元猪的均价最高，约为19.69元/500克，土杂猪的价格为17.18元/500克。初步可以估算优质仔猪的平均价格要比其他仔猪高出1.87—2.51元/500克。自繁的养殖户因受母猪当年购置价格的影响，难以统一，因此这里统一采用仔猪的价格进行折算。人工成本方面，仍然按照上一章的计算方法，取日工价90元/天。平均一头猪的饲养时间约为180天，出栏重量约为100千克，按每人平均管理100头生猪计算，人工成本约为0.80元/500克。由于饲养生猪本身就需要投入劳动力，假设完整记录养殖信息的额外人工投入占劳动力总成本的25%，则额外人工成本约为0.2元/500克。

固定成本方面，表5.1显示固定资产的折旧费用并不高，加上维修费和工具材料费也就平均13.86元/头。但是，根据预调研的情况显示。养殖户在扩建猪舍和修建污水处理池的成本投入相对较大，假设规模为100头的养殖户扩建猪舍和修建污水处理池以及增加污水处理设备等的总成本为30万元，折算使用10年，每头生猪重量按100千克进行计算，平均每500克的成本为1.5元。把增加的可变成本、人工成本以及固定成本进行加总，可得养殖户提高猪肉质量所需投入的额外成本，为3.57—4.21元/500克。

根据第四章对调整因子的计算，可知二者的取值分别约为–0.5和3。通过上面对人工成本、可变成本以及固定成本的计算可知，养殖户生产质量更高的猪肉需要投入的额外成本约为3.89元/500克。因此，乘以调整因子之后可以得到激励价格分别为–1.95元/500克和11.67元/500克。为便于理解，结果取整数，即分别为–2元/500克和11元/500克。显然，由于促使养殖户提高猪肉质量的成本要远远高于保证猪肉安全的成本，因此促使养殖户提高猪肉质量的激励价格也相对更高。

根据预调研显示，生猪的售价在不同的年份和月份会有较大的浮动，2016 年 11 月生猪的平均售价约为 8 元 /500 克，因此本书以 8 元 /500 克为基准价格，在此基础上根据计算的激励价格进行上浮和下浮，将价格设为 6 元 /500 克、8 元 /500 克，以及 19 元 /500 克三个层次。表 5.2 显示了养殖户生产行为的属性与层次体系。

表 5.2 养殖户生产行为的属性与层次设置

属性	属性层次	变量
品种选择	（1）选择优质品种	HPIGLET
	（2）选择较好品种	MPIGLET
	（3）选择普通品种	NPIGLET
档案管理	（1）记录养殖过程的全部信息	FULLTAG
	（2）记录养殖户和仔猪的父母本信息	INJECTAG
	（3）记录养殖户信息	NONETAG
动物福利	（1）猪舍空间宽敞通风良好	HSPACE
	（2）猪舍空间一般、通风一般	MSPACE
	（3）猪舍空间狭窄、通风较差	NSPACE
卫生环境	（1）通过专门设备处理污水粪便	HHYGIE
	（2）简单地处理污水粪便后还田	MHYGIE
	（3）不处理污水粪便	NHYGIE
价格激励	（1）6 元 /500 克	PRICE1
	（2）8 元 /500 克	PRICE2
	（3）19 元 /500 克	PRICE3

第二节 问卷设计与变量赋值

一、选项卡设计

根据表 5.2 中的养殖户生产行为以及层次设定，总共可以得到 243

（3×3×3×3×3）个养殖户生产行为的组合选项。因此，养殖户需要对C_{243}^{2}=58806个生产行为进行比较后作出选择。为减少养殖户需要比较的选项，同时确保属性及层次分布的平衡性，本书采用部分因子设计法，根据随机原则对养殖户生产行为的属性及层次进行随机组合，共设计10个版本的问卷，每个版本包含8个比较任务。选择实验的选项卡示例如图5.1所示。问卷的设计效率检验见表5.3，这表明从正交程度衡量问卷设计优良。

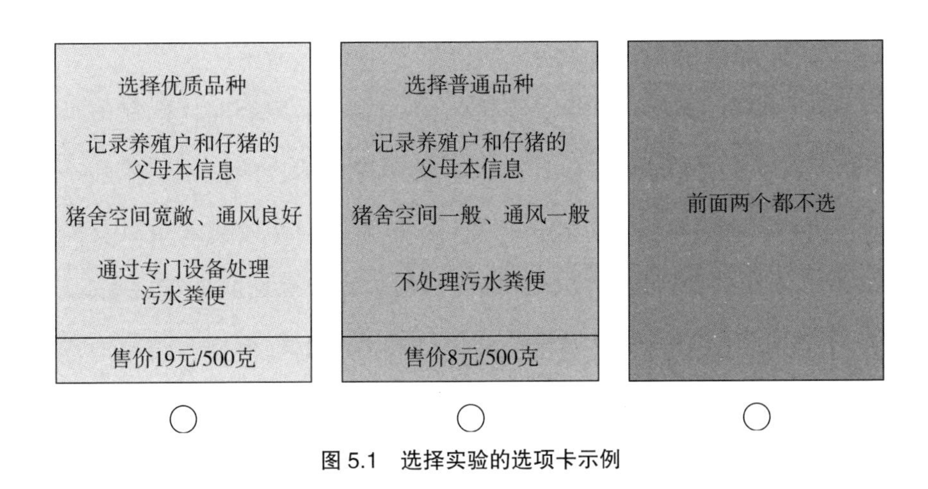

图5.1　选择实验的选项卡示例

表5.3　养殖户生产行为属性层次设计的效率检验

属性	层次	频率	实际误差	理想误差	设计效率
品种选择	NPIGLET	53	—	—	—
	MPIGLET	54	0.270	0.244	0.819
	HPIGLET	53	0.256	0.244	0.914
档案管理	NONETAG	53	—	—	—
	INJECTAG	53	0.241	0.239	0.984
	FULLTAG	54	0.249	0.239	0.921
动物福利	NSPACE	53	—	—	—
	MSPACE	54	0.246	0.236	0.920

续表

属性	层次	频率	实际误差	理想误差	设计效率
动物福利	HSPACE	53	0.236	0.236	1.001
卫生环境	NHYGIE	54	—	—	—
	MHYGIE	53	0.248	0.239	0.930
	HHYGIE	53	0.238	0.239	1.009
价格	PRICE1	54	—	—	—
	PRICE2	53	0.247	0.237	0.922
	PRICE3	53	0.240	0.237	0.981

二、变量赋值

根据上述选项卡的设计对变量赋值，本书采用效应代码赋值。为考察养殖户行为间的个体差异性，本书还将养殖户的性别、年龄、受教育程度等个体特征以及养殖年限、养殖规模、专业化养殖以及当地是否有无害化处理厂等生产特征纳入分析模型。具体赋值见表 5.4。本章估计采用的模型仍然是随机参数模型和潜在类别模型，模型构建在此就不再赘述。

表 5.4　模型变量赋值

变量	变量代码	变量赋值	均值
选择优质品种	HPIGLET	HPIGLET=1，MPIGLET=0	—
选择较好品种	MPIGLET	HPIGLET=0，MPIGLET=1	—
选择普通品种	NPIGLET	HPIGLET=-1，MPIGLET=-1	—
记录养殖过程的全部信息	FULLTAG	FULLTAG=1，INJECTAG=0	—
记录养殖户和仔猪的父母本信息	INJECTAG	FULLTAG=0，INJECTAG=1	—
记录养殖户信息	NONETAG	FULLTAG=-1，INJECTAG=-1	—
猪舍空间宽敞、通风良好	HSPACE	HSPACE=1，MSPACE=0	—
猪舍空间一般、通风一般	MSPACE	HSPACE=0，MSPACE=1	—
猪舍空间狭窄、通风较差	NSPACE	HSPACE=-1，MSPACE=-1	—

续表

变量	变量代码	变量赋值	均值
通过专门设备处理污水粪便	HHYGIE	HHYGIE=1；MHYGIE=0	—
简单地处理污水粪便后还田	MHYGIE	HHYGIE=0；MHYGIE=1	—
不处理污水粪便	NHYGIE	HHYGIE=-1；MHYGIE=-1	—
价格	PRICE	P1=6；P2=8；P3=19	—
性别	MALE	虚拟变量，男性 =1，女性 =0	0.67
年龄	AGE	连续变量	55.64
受教育程度	EDU	连续变量（取具体受教育年限）	4.76
家中是否有未成年孩子	KID	虚拟变量，是 =1，否 =0	0.46
养殖年限	YEAR	连续变量	19.67
出栏数	OUTPUT	连续变量	908.19
是否专业化养殖	SPECIAL	虚拟变量，是 =1，否 =0	0.34
是否有集中处理病死猪场所	CENTRAL	虚拟变量，是 =1，否 =0	0.49

第三节　模型估计与结果

一、主效应估计

应用 Nlogit6.0，对主效应随机参数模型进行估计。各层次的属性参数设置为随机服从正态分布，“不选项”以及价格设定为固定参数。表 5.5 显示了主效应的参数估计结果，总体来看，选择优质品种（HPIGLET）、选择较好品种（MPIGLET）、记录养殖户和仔猪的父母本信息（INJECTAG）、猪舍空间一般、通风一般（MSPACE）、通过专门设备处理污水粪便（HHYGIE）以及简单处理污水粪便后还田（MHYGIE）等变量通过了显著性水平为 1% 的检验，说明对于品种的选择而言，养殖户更偏好优质和较优的品种，同时对污水和粪便也不会随意排放，或者对其进行简单地处理之后还田，或者通过专门的污水粪便处理设备进行处理，达到标准之后再排放。但是养殖户对养殖信息的记录以及动物福利的态度却与品种的选择以及污水粪便的处理不同，两类行为的最高层次：记录养殖过程的全部信息（FULLTAG）、猪舍空间宽敞、通风良好（HSPACE）均没有通过显著性检验，表明对于信息记录而言，养殖户更偏好记录养殖户姓名、地址以及品种等最基本的信息，不愿意对养殖过程中的全部信息进行记录。同样地，对于动物福利而言，养殖户只偏好保证动物基本的空间和活动场所，并不愿意改善猪只的生产和生活的条件，为其提供更舒适的场所。

通过计算可知，养殖户认为品种的选择、信息记录、动物福利以及污水粪便处理四个生产行为的相对重要性依次为 27.16%、6.78%、13.33%、52.73%。因此，除价格属性之外，养殖户认为污水粪便的处理在四个影响猪肉质量的关键生产行为中最为重要，其次是生猪的品种选择，但对养殖信息的记录以及动物福利，则相对不那么重视。

表 5.5　随机参数模型主效应估计结果

变量	回归系数	标准误	95% 置信区间
HPIGLET	0.413***	0.081	0.255,0.572
MPIGLET	0.289***	0.065	0.162,0.416
FULLTAG	–0.033	0.072	–0.173,0.107
INJECTAG	0.208***	0.067	0.076,0.340
HSPACE	0.024	0.066	–0.106,0.153
MSPACE	0.321***	0.064	0.196,0.446
HHYGIE	0.656***	0.090	0.479,0.833
MHYGIE	0.708***	0.071	0.569,0.846
PRICE	1.114***	0.070	0.976,1.252
CHOOSENO	7.121***	0.562	6.019,8.223
Std. Devs (HPIGLET)	0.635***	0.109	0.422,0.848

续表

变量	回归系数	标准误	95% 置信区间
Std. Devs (MPIGLET)	0.008	0.127	−0.240,0.256
Std. Devs (FULLTAG)	0.405***	0.109	0.191,0.619
Std. Devs (INJECTAG)	0.204**	0.089	0.029,0.379
Std. Devs (HSPACE)	0.181*	0.110	−0.034,0.396
Std. Devs (MSPACE)	0.079	0.099	−0.115,0.273
Std. Devs (HHYGIE)	1.314***	0.099	1.119,1.508
Std. Devs (MHYGIE)	0.219**	0.086	0.050,0.388
Log likelihood	−1133.702		
McFadden R^2	0.400		
AIC	2303.4		

注：***、**、* 表示参数分别在 1%、5% 和 10% 水平显著。

二、交叉项估计

表 5.6 的交叉项估计结果显示，猪舍空间宽敞、通风良好（HSPACE）与选择较好品种（MPIGLET）以及简单地处理污水粪便后还田（MHYGIE）之间交互效应显著为正，说明对动物福利相对关注的养殖户，在品种的选择以及污水粪便的处理方面也倾向对提高猪肉质量较为有利的做法。记录养殖过程的全部信息（FULLTAG）与猪舍空间一般、通风一般（MSPACE）以及通过专门设备处理污水粪便（HHYGIE）之间的交互效应也通过了显著性检验，但是记录养殖过程的全部信息（FULLTAG）与猪舍空间一般、通风一般（MSPACE）之间的交互效应却显著为负。由此说明，对养殖信息进行全面记录的养殖户，在污水粪便的处理上往往采取对环境最为友好的方式，而在对待动物福利的态度上，不允许出现虐待动物的行为，而是倾向选择为动物提供最舒适的生产生活环境。由此可见，影响猪肉质量的各项关键

生产行为之间存在相互促进的效应，较好的行为之间关联性显著为正，而最好的行为与次优行为之间，却表现出相互排斥的现象。

表 5.6　随机参数模型属性交叉项估计结果

变量	回归系数	标准误	95% 置信区间
HPIGLET	0.363***	0.084	0.198,0.528
MPIGLET	0.312***	0.075	0.165,0.459
FULLTAG	0.022	0.086	–0.146,0.191
INJECTAG	0.198***	0.071	0.060,0.336
HSPACE	0.054	0.073	–0.089,0.197
MSPACE	0.319***	0.069	0.184,0.454
HHYGIE	0.645***	0.095	0.459,0.831
MHYGIE	0.784***	0.087	0.612,0.955
PRICE	1.131***	0.082	0.971,1.291
CHOOSENO	7.244***	0.642	5.986,8.502
HPIGLET × FULLTAG	0.138	0.128	–0.112,0.389
HPIGLET × INJECTAG	0.111	0.144	–0.172,0.394
HPIGLET × HSPACE	–0.147	0.145	–0.431,0.136
HPIGLET × MSPACE	0.095	0.129	–0.157,0.348
HPIGLET × HHYGIE	–0.107	0.121	–0.343,0.130
HPIGLET × MHYGIE	0.050	0.126	–0.198,0.298
MPIGLET × FULLTAG	–0.197	0.122	–0.436,0.042
MPIGLET × INJECTAG	–0.021	0.131	–0.277,0.235
MPIGLET × HSPACE	0.232*	0.137	–0.037,0.502
MPIGLET × MSPACE	–0.054	0.132	–0.314,0.205
MPIGLET × HHYGIE	0.097	0.113	–0.125,0.320
MPIGLET × MHYGIE	–0.059	0.117	–0.289,0.171
FULLTAG × HSPACE	0.148	0.126	–0.100,0.396
FULLTAG × MSPACE	–0.431***	0.129	–0.684,–0.179
FULLTAG × HHYGIE	0.218*	0.117	–0.012,0.448

续表

变量	回归系数	标准误	95% 置信区间
FULLTAG × MHYGIE	−0.052	0.123	−0.292,0.189
INJECTAG × HSPACE	0.007	0.127	−0.241,0.256
INJECTAG × MSPACE	0.068	0.130	−0.187,0.323
INJECTAG × HHYGIE	−0.036	0.122	−0.275,0.203
INJECTAG × MHYGIE	−0.123	0.118	−0.355,0.108
HSPACE × HHYGIE	0.053	0.130	−0.202,0.308
HSPACE × MHYGIE	0.045	0.121	−0.192,0.282
MSPACE × HHYGIE	−0.068	0.133	−0.329,0.193
MSPACE × MHYGIE	0.277**	0.120	0.042,0.513
Std. Devs (HPIGLET)	0.535***	0.118	0.305,0.766
Std. Devs (MPIGLET)	0.070	0.141	−0.207,0.347
Std. Devs (FULLTAG)	0.424***	0.111	0.206,0.643
Std. Devs (INJECTAG)	0.094	0.170	−0.239,0.426
Std. Devs (HSPACE)	0.053	0.109	−0.160,0.266
Std. Devs (MSPACE)	0.106	0.097	−0.083,0.295
Std. Devs (HHYGIE)	1.444***	0.121	1.206,1.682
Std. Devs (MHYGIE)	0.036	0.119	−0.197,0.269
Log likelihood	−1123.614		
McFadden R^2	0.405		
AIC	2331.2		

注：***、**、* 表示参数分别在 1%、5% 和 10% 水平显著。

三、个体特征对属性偏好的影响

表 5.7 显示，养殖年限（YEAR）与选择优质品种（HPIGLET）、记录养殖过程的全部信息（FULLTAG）以及简单地处理污水粪便后还田（MHYGIE）之间的相关系数显著为负，说明养殖户和养殖年限越长，在品种的选择、信息的记录以及污水粪便的处理上普遍倾向采取不利

于提高猪肉质量的生产方式。而养殖规模和专业化程度则与选择优质品种（HPIGLET）、选择较好品种（MPIGLET）以及通过专门设备处理污水粪便（HHYGIE）呈显著正相关，表明养殖规模越大、专业化程度越高，养殖户在品种的选择以及污水粪便的处理方面更偏好有利于提高产品质量的生产方式。不过，规模与专业化生产却对动物福利的改善影响不大，只有受教育程度（EDU）越高的养殖户，才越关注动物的环境福利，倾向于为猪只提供宽敞舒适的环境。受教育程度也是影响养殖户记录养殖过程的全部信息（FULLTAG）的重要因素，养殖户的受教育程度越高，处理文字的能力越强，从而记录的养殖信息越全面。此外，受教育程度与通过专门设备处理污水粪便（HHYGIE）之间的相关系数也通过了1%水平的显著性检验，受教育程度越高的养殖户，越倾向于采取环境友好的生产方式，愿意通过建造化粪池、沼气池对污水粪便进行处理，减少生猪养殖对环境造成的破坏。

表 5.7 随机参数模型个体特征交叉项估计结果

变量	回归系数	标准误	95% 置信区间
HPIGLET	0.515*	0.313	−0.097,1.128
MPIGLET	0.367	0.272	−0.167,0.900
FULLTAG	−0.259	0.284	−0.816,0.297
INJECTAG	0.690**	0.280	−0.055,1.043
HSPACE	0.051	0.277	−0.492,0.594
MSPACE	0.163	0.280	−0.386,0.711
HHYGIE	2.302***	0.375	1.568,3.036
MHYGIE	2.073***	0.287	1.510,2.637
PRICE	1.240***	0.080	1.084,1.396
HPIGLET × SPECIAL	−0.112	0.163	−0.432,0.209
HPIGLET × YEAR	−0.016**	0.008	−0.031,0.027

续表

变量	回归系数	标准误	95% 置信区间
HPIGLET × EDU	–0.022	0.030	–0.081,0.038
HPIGLET × OUTPUT	0.199**	0.096	0.011,0.387
MPIGLET × SPECIAL	0.335**	0.141	0.058,0.611
MPIGLET × YEAR	0.008	0.007	–0.004,0.021
MPIGLET × EDU	0.015	0.026	–0.036,0.065
MPIGLET × OUTPUT	0.144*	0.080	–0.014,0.301
FULLTAG × SPECIAL	–0.195	0.141	–0.487,0.097
FULLTAG × YEAR	–0.357***	0.083	–0.519,–0.194
FULLTAG × EDU	0.048*	0.026	–0.003,0.099
FULLTAG × OUTPUT	0.080	0.083	–0.082,0.242
INJECTAG × SPECIAL	0.044	0.148	–0.245,0.334
INJECTAG × YEAR	–0.004	0.007	–0.017,0.009
INJECTAG × EDU	0.030	0.027	–0.023,0.083
INJECTAG × OUTPUT	–0.125	0.081	–0.284,0.035
HSPACE × SPECIAL	–0.010	0.144	–0.293,0.273
HSPACE × YEAR	0.006	0.007	–0.007,0.0193
HSPACE × EDU	0.097***	0.027	0.045,0.150
HSPACE × OUTPUT	–0.127	0.083	–0.289,0.036
MSPACE × SPECIAL	–0.029	0.147	–0.318,0.260
MSPACE × YEAR	–0.002	0.007	–0.015,0.011
MSPACE × EDU	0.005	0.026	–0.046,0.056
MSPACE × OUTPUT	0.117	0.082	–0.043,0.277
HHYGIE × SPECIAL	0.142	0.176	–0.201,0.486
HHYGIE × YEAR	0.002	0.009	–0.016,0.019
HHYGIE × EDU	0.146***	0.032	0.083,0.209
HHYGIE × OUTPUT	1.050***	0.119	0.818,1.283
MHYGIE × SPECIAL	–0.192	0.142	–0.471,0.087
MHYGIE × YEAR	–0.016**	0.007	–0.029,–0.003
MHYGIE × EDU	–0.040	0.025	–0.090,0.009

续表

变量	回归系数	标准误	95% 置信区间
MHYGIE × OUTPUT	−0.003	0.007	−0.016,0.011
CHOOSENO	8.057***	0.628	6.826,9.287
Std. Devs(HPIGLET)	0.620***	0.115	0.395,0.844
Std. Devs(MPIGLET)	0.158	0.148	−0.131,0.447
Std. Devs(FULLTAG)	0.074	0.279	−0.472,0.621
Std. Devs(INJECTAG)	0.332***	0.101	0.135,0.529
Std. Devs(HSPACE)	0.430***	0.111	0.213,0.647
Std. Devs(MSPACE)	0.065	0.116	−0.163,0.293
Std. Devs(HHYGIE)	0.800***	0.102	0.600,1.000
Std. Devs(MHYGIE)	0.042	0.161	−0.274,0.358
Log likelihood	−1000.275		
McFadden R^2	0.471		
AIC	2100.6		

注：***、**、* 表示参数分别在 1%、5% 和 10% 水平显著。

四、不同规模的养殖户的偏好差异

表 5.7 的结果显示，养殖规模、受教育程度以及养殖年限与各项生产行为之间存在显著的交互效应，为进一步考察不同个体特征和生产特征的养殖户对不同生产行为之间的偏好差异，本书对养殖规模、受教育程度和养殖年限分别进行了分组分析。但由于估计的结果显示，不同受教育程度，以及不同养殖年限的养殖户对不同层次属性的生产行为偏好并未呈现十分显著的组间差异，因此本章只探讨不同规模的分组结果。

对养殖规模的分组仍然采用第四章的分组方式，将养殖规模划分为散户（出栏量小于等于 30 头）、小规模养殖户（出栏量在 31—100

头）、中规模养殖户（出栏量为 101—500 头），以及大规模养殖户（出栏量在 500 头以上）。不同规模的养殖户对不同生产行为偏好的 RPL 模型回归结果如表 5.8 所示。

表 5.8　不同规模的养殖户对不同生产行为的偏好

变量	散户出栏数 30 头及以下		小规模出栏数 31—100 头	
	系数	标准误	系数	标准误
HPIGLET	0.393**	0.176	0.624***	0.174
MPIGLET	0.518***	0.188	0.486***	0.158
FULLTAG	–0.563***	0.218	–0.079	0.158
INJECTAG	0.529***	0.191	0.335**	0.155
HSPACE	0.430**	0.189	0.421***	0.137
MSPACE	0.049	0.155	0.333**	0.145
HHYGIE	–0.278	0.218	–0.914***	0.191
MHYGIE	1.336***	0.216	1.693***	0.226
PRICE	2.845***	0.308	1.366***	0.174
CHOOSENO	20.235***	2.343	8.005***	1.325
Log likelihood	–263.691		–251.878	
R^2	0.571		0.506	
AIC	563.4		539.8	
N	70		58	
变量	中规模出栏数 101—500 头		大规模出栏数 500 头以上	
	系数	标准误	系数	标准误
HPIGLET	0.369*	0.206	1.872***	0.340
MPIGLET	0.364**	0.151	–0.080	0.214
FULLTAG	0.041	0.160	0.123	0.213
INJECTAG	0.580***	0.165	0.197	0.199
HSPACE	0.167	0.170	0.775***	0.240
MSPACE	0.396**	0.160	0.013	0.192
HHYGIE	0.944***	0.199	3.170***	0.555

续表

变量	中规模出栏数 101—500 头		大规模出栏数 500 头以上	
	系数	标准误	系数	标准误
MHYGIE	1.032***	0.174	1.172***	0.279
PRICE	1.1716***	0.172	0.749***	0.224
CHOOSENO	6.584***	1.312	5.110***	1.800
Log likelihood	−283.764		−161.257	
R^2	0.532		0.541	
AIC	603.5		358.5	
N	47		40	

注：***、**、* 表示参数分别在 1%、5% 和 10% 水平显著。

总体来看，首先，四组养殖户在品种选择时，都偏好选择优质品种（HPIGLET），所不同的是，散户、小规模和中规模的养殖户对较好品种（MPIGLET）的偏好也显著为正，而大规模的养殖户则只偏好最优的品种，对相对差一点的品种的偏好也显著为负。其次，四组养殖户在对污水粪便进行处理时，都不会选择直接排放，至少会对污水粪便进行简单地处理之后还田，所不同的是，对于散户和小规模的养殖户而言，由于建造专门的沼气池以及投入专门的污水粪便处理设备比较昂贵，因此他们对通过专门的设备处理污水粪便（HHYGIE）的偏好为负，而对于中规模和大规模的养殖户而言，对专门投入设备处理污水粪便的偏好则显著为正。

从对提高猪肉质量的全部生产行为来看，大规模养殖户更偏好有利于提高猪肉质量的生产方式，在品种的选择上，偏好最优质的品种；在动物福利方面，对于猪只的环境福利也最为关注，愿意为生猪提供最舒适的生活空间和生产环境；对于污水粪便的处理，也选择污染程度最小的方式，通过建造专门的沼气池和投入专门的设备来处理污水粪便。散户、小规模与中规模的养殖户对各项生产行为的偏好则各有不同。具体而言，散户对动物福利的关注度要优于小规模和中规模的生产者，但对养殖信息的记录最不全面，其对记录养殖过程的全部信息的偏好（FULLTAG）显著为负。小规模的养殖户对动物福利较为关注，但在污水粪便的处理上表现不佳，其对使用专门设备处理污水粪便（HHYGIE）的偏好显著为负。中规模的养殖户则偏好记录部分的养殖信息，如记录养殖户和仔猪的父母本信息（INJECTAG），然而在对待动物福利上，只愿意为生猪提供一般的生存空间，猪舍空间一般、通风一般（MSPACE），在这一点上不如散户和小规模的养殖户。

五、潜在类别模型估计

上述几个模型的方差估计结果均显示，养殖户对不同生产行为的偏好存在差异。因此，本章接下来利用潜在类别模型，进一步分析养殖户偏好的异质性。由于当分类数为 4 时的 AIC 和 BIC 值分别为 1837.5 和 1235.1，其值最小，因此选定 4 为潜在类别模型的分类数。此外，由于受教育程度、养殖年限、养殖规模与养殖户偏好的交互效应较为显著，因此在进行潜在类别回归时还考虑了这些个体统计特征对养殖户落入哪一类别的影响，最终的估计结果如表 5.9 所示。从结果来看，可以将养殖户分为“价格敏感者”“不在意猪肉质量的生产者”“提高猪肉质量的生产者”和“拒绝提高猪肉质量的生产者”的比例分别为 15.7%、22.60%、14.80% 和 49.90%。

表 5.9 潜在类别模型的参数估计结果

变量	类别 1		类别 2		类别 3		类别 4	
	回归系数	标准误	回归系数	标准误	回归系数	标准误	回归系数	标准误
HPIGLET	1.290	0.936	–3.235	3.429	0.979*	0.509	–0.737***	0.125
MPIGLET	–0.341	0.604	6.819	5.846	1.369**	0.547	0.131	0.115
FULLTAG	0.973	1.105	9.554	8.877	0.514*	0.398	–0.386***	0.115
INJECTAG	1.217**	0.505	0.557	1.197	–0.451	0.384	0.420***	0.115
HSPACE	–2.709*	1.247	–0.202	0.709	0.568*	0.395	–0.486***	0.115
MSPACE	2.151*	1.430	1.423	1.857	0.995**	0.403	0.134	0.105
HHYGIE	5.434	3.319	2.203	1.494	4.673***	1.036	–1.133***	0.163
MHYGIE	3.735*	1.923	7.064	6.762	–0.970*	0.583	1.348***	0.142
PRICE	10.554**	5.344	3.065	2.697	0.308	0.350	1.275***	0.127
CHOOSENO	79.791*	31.658	14.808	12.534	–2.138	2.588	7.279***	0.983
Probabilities	0.157		0.226		0.148		0.469	
Log likelihood	–866.764							
McFadden R^2	0.541							
AIC	1837.5							

注：***、**、* 表示参数分别在 1%、5% 和 10% 水平显著。

第一类是价格敏感者。落入该组的养殖户在信息记录、动物福利以及污水处理方面都偏好较有利于提高猪肉质量的行为，对记录养殖户和仔猪的父母本信息（INJECTAG）、提供的猪舍空间一般、通风一般（MSPACE）以及简单地处理污水粪便后还田（MHYGIE）等行为的偏好都通过了显著性检验。但其对提供宽敞的空间以及通风条件良好的猪舍的偏好却显著为负。由于此类养殖户的价格（PRICE）的系数非常高，且通过了显著性检验，因此将其归为“价格敏感者”。

第二类是不在意猪肉质量的生产者。从类别 2 的结果可以看出，落入该类别的养殖户对提高猪肉质量的行为偏好均没有通过显著性检验。

由此表明此类养殖户对提高猪肉质量的行为并不在意，对提高猪肉质量的行为并未表现出明显的偏好。此外，尽管“不选项”（CHOOSENO）的回归系数相对最大，但并没有通过显著性检验。因此，并没有将这一类养殖户归为“不选项”偏好者，而认为是不在意提高猪肉质量的养殖户。这一类的养殖户占样本的22.6%。

第三类是提高猪肉质量的生产者。从回归结果来看，落入这一类的养殖户对选择优质品种（HPIGLET）和较好品种（MPIGLET）的仔猪的偏好都非常显著，除此之外，这一类的养殖户还注重记录养殖过程的全部信息（FULLTAG）；关注动物福利，倾向给生猪提供较好的生存空间和通风条件；在处理污水粪便时，不愿意简单地处理污水粪便后还田（MHYGIE），而是倾向于使用专门设备处理污水粪便（HHYGIE）。此外，这一类的养殖户对价格和“不选项”的偏好均未通过显著性检验，说明他们对价格并不敏感，而“不选项”的存在也不是阻碍他们选择提高猪肉质量行为的原因，这一类的养殖户相对更注重猪肉产品的质量，因此将其归类为“提高猪肉质量的偏好者”。遗憾的是这一类的养殖户比例不高，仅为样本的14.8%。

最后一类是拒绝提高猪肉质量的生产者。从回归系数来看，这一类的养殖户对有利于提高猪肉质量的生产行为偏好普遍为负，例如拒绝选择优质品种（HPIGLET）的仔猪；拒绝记录养殖过程的全部信息（FULLTAG），只愿意记录养殖户和仔猪的父母本信息（INJECTAG）；拒绝给生猪提供空间宽敞通风良好（HSPACE）的猪舍；拒绝使用专门设备处理污水粪便（HHYGIE），只愿意简单地处理污水粪便后还田（MHYGIE）。此外，这一类养殖户对价格和“不选项”的偏好均通过了显著性检验，由此说明生猪的出售价格对其存在一定的影响。这一类养殖户占样本的近一半比例，为 46.9%。

六、养殖户对改变生产行为的接受意愿

表 5.10 显示了两种模型估计下养殖户对提高猪肉质量生产方式的接受意愿。从估计结果可以看出，养殖户的接受意愿受其对不同生产行为偏好的影响。总体而言，随机参数模型的结果显示养殖户对提高猪肉质量生产行为的接受意愿基本为正，潜在类别模型则反映了不同类别的养殖户在接受意愿上的异质性。

首先，随机参数模型的估计结果显示，养殖户对规范化处理污水粪便的接受意愿最高。对通过专门设备处理污水粪便（HHYGIE）的接受额度为 1.223 元 /500 克，仅次于对简单地处理污水粪便后还田（MHYGIE）的接受额度。此外，养殖户对选用优质品种的仔猪的接受意愿也很高，对最优品种（HPIGLET）的接受额度为 0.660 元 /500 克，对次优品种的接受额度则为 0.519 元 /500 克。但养殖户对记录养殖过程的全部信息（FULLTAG）的接受意愿为负，表明在当前的条件下，养殖户不愿意对养殖信息进行全面的记录，需要增加相应的价格补偿。

表 5.10　两种模型估计的不同养殖户对采取不同生产行为的接受意愿

变量	RPL 模型	LCM 模型			
	主效应回归	类别 1	类别 2	类别 3	类别 4
HPIGLET	0.660 [0.568,0.758]	0.489	−4.222	12.724	−2.311
MPIGLET	0.519 [0.518,0.520]	−0.129	8.899	17.786	0.412
FULLTAG	−0.027 [−0.078,0.028]	0.369	12.468	6.678	−1.210
INJECTAG	0.347 [0.319,0.372]	0.461	0.726	−5.866	1.319
HSPACE	0.586 [0.560,0.611]	−1.027	−0.263	7.381	−1.524
MSPACE	0.042 [0.030,0.052]	0.815	1.857	12.933	0.422

续表

变量	RPL 模型	LCM 模型			
	主效应回归	类别 1	类别 2	类别 3	类别 4
HHYGIE	1.223［0.939,1.503］	2.060	2.875	60.724	-3.553
MHYGIE	1.231［1.194,1.265］	1.415	9.219	-12.608	4.230

注：***、**、* 表示参数分别在 1%、5% 和 10% 水平显著。

对不同类别的养殖户而言，其偏好的异质性表现得非常明显，对于类别 1 的养殖户，其对猪舍空间宽敞通风良好（HSPACE）的接受意愿为负，表明此类养殖户不愿意为猪只提供舒适的生产生活环境，除非增加 1.027 元 /500 克的价格补偿。但养殖户对规范化处理污水粪便的接受意愿比较高。此外，这一类的养殖户在品种选择上只偏好优质品种，而对相对较差的品种的接受意愿为负。在信息记录方面，尽管接受意愿为正，但相对额度都不高。类别 2 的养殖户除对最优品种（HPIGLET）和猪舍空间宽敞通风良好（HSPACE）的接受意愿为负外，对其他能够提高猪肉质量的生产行为的接受意愿均为正，其中，对记录养殖过程的全部信息（FULLTAG）的接受意愿的额度最高，为 12.468 元 /500 克，其次是选择较好品种（MPIGLET）和简单地处理污水粪便后还田（MHYGIE），表明此类养殖户虽然不愿意接受最优的生猪品种，但对次优品种的偏好较高，并且愿意采用较规范的污水粪便处理方式。类别 3 的养殖户是提高猪肉质量生产行为的偏好者，愿意采用对环境最友好的生产方式，其对采用专门设备处理污水粪便（HHYGIE）的接受意愿非常高，但对简单地处理污水粪便后还田（MHYGIE）的接受意愿为负。此外，这类养殖户在档案信息记录方面，不愿意接受记录养殖户和仔猪的父母本信息（INJECTAG），而对记录养殖过程的全部信息（FULLTAG）的接受意愿为 6.678 元 /500 克。在对选择优良品种的仔猪的接受意愿也非常高，并且在动物福利方面，对为生猪提供良好的通风和生活空间的意愿也比较高。类别 4 的养殖户为拒绝提高猪肉质量的生产者，这类养殖户无论是在选择优质品种（HPIGLET）的仔猪、记录养殖过程的全部信息（FULLTAG）、猪舍空间宽敞通风良好（HSPACE）还是通过专门设备处理污水粪便（HHYGIE）方面的接受意愿都为负，仅在简单地处理污水粪便后还田（MHYGIE）方面的接受意愿比较高，为 4.230 元 /500 克。

七、稳健性检验

与第四章类似，本章在模型结果的分析之后仍然对上述随机参数模型和潜在类别模型的估计结果进行了稳健性检验，检验的数据来源是剔除了“不选项”之后的 205 个样本。即检验在剔除了 10 个“不选项”的样本之后估计结果是否存在显著变化。

首先，表 5.11 显示了主效应随机参数模型、带属性交叉项的随机参数模型以及带个体特征交叉项的随机参数模型的检验结果，对比表 5.5、表 5.6 和表 5.7 的结果可以看出，在剔除了“不选项”的样本之后，其回归结果与未剔除“不选项”样本的结果并无显著差异，其估计结果的符号以及显著性均未发生变化，两个模型的估计结果具有较高的一致性。

表 5.11　主效应和带交叉项的随机参数模型的稳健性检验

变量	主效应回归		带属性交叉项		带个体特征交叉项	
	回归系数	标准误	回归系数	标准误	回归系数	标准误
HPIGLET	0.333***	0.072	0.344***	0.084	1.203***	0.243

续表

变量	主效应回归		带属性交叉项		带个体特征交叉项	
	回归系数	标准误	回归系数	标准误	回归系数	标准误
MPIGLET	0.282***	0.065	0.296***	0.077	0.109	0.229
FULLTAG	-0.029	0.072	0.007	0.082	-0.225	0.245
INJECTAG	0.244***	0.067	0.260***	0.074	0.687**	0.226
HSPACE	0.040	0.066	0.082	0.072	0.066	0.216
MSPACE	0.314***	0.066	0.278***	0.078	0.089	0.220
HHYGIE	0.653***	0.093	0.700***	0.098	0.536*	0.323
MHYGIE	0.713***	0.070	0.741***	0.085	1.207***	0.227
PRICE	1.136***	0.072	1.166***	0.083	1.336***	0.087
CHOOSENO	7.204***	0.571	7.407***	0.647	8.558***	0.682
Log likelihood	-1058.692		-1041.850		-900.505	
McFadden R^2	0.437		0.413		0.493	
AIC	2153.4		2167.7		1901.0	

注：***、**、* 表示参数分别在 1%、5% 和 10% 水平显著。

其次，本章对规模分组回归结果的稳健性也进行了检验，同样采用剔除“不选项”之后的 205 个样本进行回归，估计结果见表 5.12，与表 5.8 的结果进行比较可知，两者并不存在显著的差异。

表 5.12 规模分组的稳健性检验

变量	散户		小规模		中规模		大规模	
	回归系数	标准误	回归系数	标准误	回归系数	标准误	回归系数	标准误
HPIGLET	0.393***	0.176	0.384**	0.176	0.948***	0.279	1.311***	0.384
MPIGLET	0.518***	0.188	0.423**	0.169	0.389*	0.210	-0.190	0.347
FULLTAG	-0.563*	0.218	-0.120	0.180	0.290	0.193	0.363	0.339
INJECTAG	0.529**	0.191	0.298*	0.163	0.651***	0.202	0.158	0.342
HSPACE	0.430***	0.189	0.511***	0.152	0.037	0.366	0.735**	0.382
MSPACE	0.049	0.155	0.111	0.166	0.531***	0.189	0.192	0.339

续表

变量	散户		小规模		中规模		大规模	
	回归系数	标准误	回归系数	标准误	回归系数	标准误	回归系数	标准误
HHYGIE	-0.278	0.218	-0.640***	0.207	1.388***	0.282	4.823***	0.833
MHYGIE	1.336***	0.216	1.863***	0.321	1.216***	0.252	0.483*	0.243
PRICE	2.845***	0.308	1.261***	0.181	0.934***	0.191	0.598***	0.313
CHOOSENO	20.235***	2.343	7.160***	1.379	5.098***	1.490	4.331***	2.469
Log likelihood	-263.691		-214.565		-185.611		-106.810	
R^2	0.571		0.502		0.531		0.605	
AIC	563.4		465.1		407.2		249.6	
N	70		49		45		31	

注:***、**、* 表示参数分别在 1%、5% 和 10% 水平显著。

表 5.13 潜在类别模型的稳健性检验

变量	类别 1		类别 2		类别 3		类别 4	
	回归系数	标准误	回归系数	标准误	回归系数	标准误	回归系数	标准误
HPIGLET	0.065	0.102	-0.371	6.252	0.251*	0.143	-0.471***	0.142
MPIGLET	-0.048	0.108	0.288	5.365	0.372**	0.206	0.051	0.133
FULLTAG	0.077	0.102	0.280	1.839	0.189*	0.143	-0.434***	0.140
INJECTAG	0.250**	0.098	0.273	1.390	-0.105	0.145	0.324***	0.120
HSPACE	-0.3720***	0.099	-0.194	0.966	0.223*	0.148	-0.280**	0.128
MSPACE	0.184*	0.097	0.144	0.820	0.458**	0.195	0.103	0.131
HHYGIE	0.019	0.111	1.521	9.260	0.833***	0.184	-2.085***	0.162
MHYGIE	0.596***	0.109	0.710	8.092	-0.491***	0.240	0.227***	0.131
PRICE	3.909***	0.200	0.806.	8.674	0.106	0.143	0.581***	0.121
CHOOSENO	5.037***	0.797	4.434	12.585	-1.546	1.494	4.087***	0.977
Probabilities	0.152		0.289		0.139		0.420	
Log likelihood	-954.395							
McFadden R^2	0.462							
AIC	2012.8							

注：***、**、* 表示参数分别在 1%、5% 和 10% 水平显著。

最后，本章对潜在类别模型也进行了稳健性检验，结果如表 5.13 所示，与表 5.9 的潜在类别模型估计结果相比同样可以看出，在剔除“不选项”的样本之后，分组的结果依然是四类，而类别的比例基本一致，而每一个类别系数的显著性和符号也与之前基本一致。由此可以证明，本书的模型具有较强的稳健性。

第四节　结论分析与政策建议

一、主要结论

本章借助第四章的研究方法，进一步分析了养殖户对四种影响猪肉质量的关键生产行为的偏好，并考察了不同规模、不同分类的养殖户之间偏好的异质性。本书的主要研究结论是：

第一，在四种影响猪肉质量的关键生产行为中，养殖户认为污水粪便的处理行为最为重要。但不同规模的养殖户对污水粪便处理的行为偏好却表现不同。总体而言，规模大的养殖户在污水处理上迫于环境监管的压力偏好采取规范化的处理方式，而规模较小的养殖户，尤其是小规模的养殖户，往往倾向随意排放污水粪便，或只对污水粪便进行简单地处理。

第二，对动物福利相对关注的养殖户，在品种的选择以及污水粪便的处理方面倾向选择对提高猪肉质量较为有利的做法。记录养殖过程的全部信息也有利于促进养殖户关注动物福利以及规范化处理污水粪便。由此可见，有利于提高猪肉质量的生产行为之间存在相互促进的作用，养殖户在某一方面的意识得到提高，会促进另一方面的行为更加规范。

第三，养殖年限过长是限制养殖户提高猪肉质量的主要原因。从交叉项的分析结果来看，养殖年限越长，越不愿意选择优质品种的仔猪，对养殖信息的记录也越不全面。此外，养殖年限较长的养殖户，受传统散养经验的影响，倾向于将污水粪便直接还田，这种生产方式在现如今养殖规模越来越大的背景下，对生态环境造成很大的压力。另外，提高受教育程度是促进养殖户生产高质量猪肉的有效方式，交叉项的回归结果表明，受教育程度越高的养殖户，越关注动物的环境福利，对养殖信息的记录越全面，也越愿意采用专门的化粪池、沼气池处理污水粪便。

第四，养殖信息记录的规范化与全面化仍然有待提高。不论是随机参数模型还是潜在类别模型的回归结果均显示，养殖户对全面记录信息的接受意愿普遍不高。对不同规模的分组估计结果也显示，散户以及小规模养殖户对记录全面的养殖信息的偏好为负。

第五，尽管有 14.8% 的养殖户对生产高质量的猪肉较为偏好，22.6% 的养殖户对动物福利十分关注，但是仍有将近一半的养殖户对各项有利于提高猪肉质量的生产行为偏好为负，这类养殖户在养殖信息记录、污水粪便处理以及动物福利方面的行为均有待进一步规范。

二、政策建议

本章的研究对如何有针对性地规范养殖户的生产行为，提高猪肉的质量具有借鉴意义。首先，影响猪肉质量的关键生产行为主要包括品种的选择、档案信息的管理、对待动物福利的态度以及污水粪便处理四个方面，因此，生产高质量的猪肉首先要关注这四个方面的生产行为。其次，中小规模养殖户生产高质量猪肉的意愿不如大规模养殖户。迫于高昂的污水处理成本的压力，小规模养殖户难以像规模化养殖场那样通过专门的设备对污水粪便进行处理，又因为饲养已达到一定的规模，污水粪便的直接排放相对于散户而言会对环境造成更大的压力。因此，小规模养殖的污水粪便处理行为更应予以重视。此外，由于中小规模的养殖户对成本—收益最为敏感，在生产高质量的产品时不具备大规模养殖场所具有的规模效应。因此，政府在加强对中小规模养殖户监管的同时，更应加大对中小规模养殖户的补贴力度，通过经济手段引导养殖户采取更为规范的养殖行为。最后，由于提高受教育程度是促进养殖户生产高质量猪肉的有效方式，而养殖户在某一方面的意识得到提高，会促进另一方面的行为更加规范。因此，政府应该加强对养殖户的宣传教育工作，尤其是要着重提高养殖户注重动物福利的意识以及规范记录养殖信息的意识。

本章在第四章的基础上，进一步研究了生猪养殖户对提高猪肉质量的生产行为的偏好，研究的方法仍然是选择实验法。本章首先从影响猪肉质量的生产行为中选取了四个关键的行为进行分析，对不同的行为进行层次属性的划分。依据委托—代理模型确定了促使养殖户选择增加投入、提高猪肉质量的激励价格，并在此基础上确定了选择实验的选项卡。利用随机参数模型和潜在类别模型对主效应、交互效应进行了估计，并依据规模对养殖户进行分组，分析了不同规模的养殖户的偏好差异，计算了不同模型下养殖户的接受意愿。从结果可以看出，即使是在高额的激励价格下，养殖户也并不是完全偏好提高猪肉质量的生产行为的。价格激励能够促使养殖户选择品质较高的品种，在污水粪便的处理上也具有一定的促进效应。但养殖户在改善动物福利以及记录养殖信息方面的行为并不显著受到激励价格的影响。此外，养殖户的偏好具有明显的异质性，不同类别、不同规模的养殖户对不同的生产行为以及不同层次水平的生产行为偏好都表现出很大的差异。由此可见，确保养殖户选择提高猪肉质量的生产行为不仅需要依靠市场给予一定的价格激励，还需要政府对养殖户的生产行为进行有针对性的监管，尤其要加强宣传教育工作，提高养殖户对动物福利的意识以及养殖档案管理方面重要性的认知。

本章从食品质量的角度对养殖户的生产行为进行了分析，与上一章从食品安全的角度一起，构成对养殖户生产行为的完整分析。至此本书初步解决了研究对象——生产行为究竟是指哪些、养殖户对生产行为的偏好究竟如何等问题，接下来，将进一步考察影响养殖户的生产行为的主要因素，以探究提高食品质量安全的有效方法。

第六章　影响猪肉安全和质量的生产行为及其影响因素分析

前两章分别基于食品安全和食品质量的视角研究了生猪养殖户的生产行为，并就养殖户对不同安全层次和不同质量层次的生产行为偏好进行了研究，本章在前两章的基础上，进一步考察影响养殖户关键生产行为的主要因素。同样，本章的研究将从食品安全和食品质量两个视角分别进行展开。

本章的安排如下：首先进行变量设置和模型构建，为本章的实证研究提供基础。基于前面两章的研究，可以确定影响猪肉安全和猪肉质量的生产行为所具体包含的内容和指标，由此确定研究的因变量。根据利润最大化原则，在现有研究的基础之上进行分析，确定影响养殖户生产行为的主要因素。由于本章的研究涉及多个生产行为，并且各项生产行为之间存在相关性，因此采用多元概率（Multivariate Probit，MVP）模型进行分析。其次，在变量设置和模型构建的基础上，设置问卷并安排调研。根据调研的结果，对影响猪肉安全和质量的养殖户单个生产行为以及总体生产行为进行了统计分析，应用多元概率模型分别估计了影响猪肉安全的生产行为的主要因素以及影响猪肉质量的生产行为的主要因素，并探讨各项生产行为之间的相关系数，关键因素之间的交互作用。最后对研究结论进行讨论，并提出相应的政策建议。

第一节　模型构建

一、因变量设置

依据前文的分析，生猪养殖户影响猪肉安全的生产行为包括饲料使用行为、添加剂使用行为、兽药使用行为以及病死猪处理行为等方面，本章采用“是否规范使用添加剂预混饲料”“是否按照说明使用饲料添加剂”“是否遵守兽药休药期”以及“是否对病死猪进行无害化处理”四个变量测度生猪养殖户影响猪肉安全的生产行为。生猪养殖户影响猪肉质量的生产行为则包括品种选择、动物福利、养殖环境、管理方式等方面，本章采用“品种选择”“追溯管理”“动物福利”以及“污水处理”四个变量测度生猪养殖户影响猪肉质量的生产行为。

二、自变量设置

根据第三章理论基础部分对生产者行为决策的分析，养殖户进行规范生产的行为决策主要由猪肉的价格 P_i^S，P_i^{NS}，投入品的价格 ω_{ij}^S，ω_{ij}^{NS}，产量 Q_i^S，Q_i^{NS} 以及养殖户的个体特征 τ_i 决定。

对于同一个区域内的生猪养殖户而言，其面临的投入品价格大体相似，且对于生猪供应市场而言，生猪养殖户是价格的接受者而不是价格的制订者，虽然生猪的价格受季节和猪肉价格的影响波动较大，但对于同一个区域的养殖户而言差别不会太大。因此，在本章的实证分析中，忽略了价格因素。由此可以归纳影响生猪养殖户生产行为的

主要因素有产量 Q，即生猪养殖的年出栏量，以及生猪养殖户的个体特征因素 τ_i。据此设置的变量由表 6.1 所示。

表 6.1 影响生猪养殖户安全生产行为的变量定义和赋值

变量	定义	均值	标准差
REGULATION	是否规范使用添加剂预混饲料（是 =1，否 =0）	0.61	0.49
INSTRUCTION	是否按照说明使用饲料添加剂（是 =1，否 =0）	0.56	0.50
INTERVAL	是否遵守休药期和兽药用量（是 =1，否 =0）	0.84	0.37
HARMLESS	是否对病死猪进行无害化处理（是 =1，否 =0）	0.81	0.39
PIGLET	是否选择生猪的品种（是 =1，否 =0）	0.64	0.48
RECORD	是否记录养殖的信息（是 =1，否 =0）	0.94	0.23
WELFARE	是否关注动物福利（是 =1，否 =0）	0.63	0.48
WASTE	是否对污水粪便进行处理（是 =1，否 =0）	0.59	0.49
GENDER	性别（男 =1，女 = 0）	0.56	0.50
AGE	年龄（岁）	56.72	10.18
MEDU	中等受教育程度（初中 =1，其他 =0）	0.35	0.48
HEDU	高等受教育程度（高中及以上 =1，其他 =0）	0.11	0.31
SCALE	养殖规模（年出栏量，头）	137.94	273.18
YEAR	养殖年限（年）	22.00	13.96
SPECIAL	是否专业化养殖（是 =1，否 =0）	0.29	0.46
FEED	是否了解饲料（是 =1，否 =0）	0.63	0.48
ADDITIVE	是否了解饲料添加剂（是 =1，否 =0）	0.38	0.49
RESIDUE	是否了解兽药残留超标对人体危害（是 =1，否 =0）	0.66	0.47

三、模型设置

为综合考虑养殖户影响猪肉安全和猪肉质量的生产行为，本章的研究适用多元概率模型，模型的方程如下：

$$y_{im}^{*} = \beta_m' X_{im} + \varepsilon_{im}, \quad m = 1,2,3,\cdots,M \tag{6.1}$$

$$y_{im} = \begin{cases} 1, & y_{im}^{*} > 0 \\ 0, & y_{im}^{*} \leqslant 0 \end{cases} \tag{6.2}$$

ε_{im}，m=1，2，3，…，M是多元正态分布的误差项，均值为0，方差为矩阵V：

$$V=\begin{pmatrix}1 & \cdots & \rho_{1k}\\ \vdots & \ddots & \vdots\\ \rho_{j1} & \cdots & 1\end{pmatrix} \tag{6.3}$$

在本书中，M=4，即m=1，2，3，4，对应影响猪肉安全的生产行为，分别为"是否规范使用添加剂预混饲料（REGULATION）""是否按照说明使用饲料添加剂（INSTRUCTION）""是否遵守休药期和兽药用量（INTERVAL）"以及"是否对病死猪进行无害化处理（HARMLESS）"，对应影响猪肉质量的生产行为，则包括"是否选择生猪的品种（PIGLET）""是否记录养殖的信息（RECORD）""是否关注动物福利（WELFARE）""是否对污水粪便进行处理（WASTE）"，于是，对于i=1，2，3，…，N个独立观测的样本，其对数似然函数为：

$$L=\sum_{i=1}^{N} w_i \log \Phi_4(\mu_i;\Omega) \tag{6.4}$$

其中，w_i是对于每一个观测样本i=1，2，3，…，N的权重，而$\Phi_4(\cdot)$是均值为μ_i，方差为Ω的正态分布。

$$\mu_i=(K_{i1}\beta_1'X_{i1},K_{i2}\beta_2'X_{i2},K_{i3}\beta_3'X_{i3},K_{i4}\beta_4'X_{i4}) \tag{6.5}$$

其中，$K_{ik}=2y_{ik}-1$，对于i,k=1，2，3，4，X_{i1}，X_{i2}，X_{i3}和X_{i4}表示所有的外生因素，β_1'，β_2'，β_3'和β_4'则表示相应的参数向量。

第二节 数据来源与模型估计

一、数据来源

本书所用的数据来自江苏省食品安全研究基地调查小组于2017年

1—2月期间对江苏、安徽两省生猪养殖户的实地调查。安徽省是中国十大生猪养殖主产省之一，其经济发展水平代表全国的平均水平，生猪养殖的方式既有传统的小规模散养模式，又与现代的规模化养殖模式并存，具有很强的代表性。江苏省的北部地区与安徽省的地理位置接近，气候条件与养殖模式上具有连续性。且江苏的阜宁县，是中国闻名的养猪大县，素有"中国苗猪之乡"的称号，连续15年卫冕江苏省"生猪第一县"。江苏、安徽两省2015年生猪出栏量占全国出栏量近10%，选取这两个省可以初步反映我国中部地区和东部地区生猪养殖户的生产状况。本次调研选择安徽省的淮南寿县、六安霍邱县、滁州定远县、蚌埠固镇县、宣城广德县以及江苏省的盐城阜宁县、宿迁沭阳县、连云港赣榆县、徐州沛县9个县区，每个县随机抽取不同的乡镇、村落，发放问卷50份，调查由经过培训的专业调研员一对一地进行，为避免方言造成的沟通障碍，另外还邀请当地大学生一起帮助翻译。共发放问卷450份，回收问卷422份，问卷有效率93.78%。

二、统计性描述

表6.2显示了生猪养猪户的基本统计特征，受调查的养殖户中，男性为54.98%，略高于女性；受教育程度普遍较低，初中及以下学历占89.10%；家庭人口数以3人以上为主，占样本73.93%；约50%的受调查者家里有12岁以下小孩。从生猪生产情况来看，兼业化程度较高，占样本70.62%，仅31.28%的养殖户养猪收入占家庭总收入比重的一半及以上，生猪饲养劳动力占家庭人口总数的比重以30%及以下为主，占51.66%。养殖规模上，以散养为主，超过50%的养殖户年出栏量在30头及以下，规模养殖户较少，年出栏量100头以上的养殖户仅占样

本的 18.48%。受调查的养殖户养殖经验较为丰富，养殖年限在 10 年以上的占 69.67%。

表 6.2 养殖户的基本统计特征

	统计特征	分类指标	样本量	百分比（%）
个体特征	性别	男	232	54.98
		女	190	45.02
	学历	小学及以下	230	54.50
		初中	146	34.60
		高中（包括中等职业）	40	9.48
		大专（包括高等职业技术）	4	0.95
		本科及以上	2	0.47
	家庭人口数	1 人	2	0.47
		2 人	48	11.37
		3 人	60	14.23
		4 人	78	18.48
		5 人及以上	234	55.45
	家中是否有 12 岁以下小孩	有	196	46.45
		否	226	53.55
生产特征	养猪收入占家庭总收入的比重	30% 及以下	184	43.60
		31%—50%	106	25.12
		51%—80%	60	14.22
		81%—90%	32	7.58
		90% 以上	40	9.48
	生猪饲养劳动力占家庭总人口的比重	30% 及以下	218	51.66
		31%—50%	104	24.64
		51%—80%	54	12.80
		81%—90%	16	3.79
		90% 以上	30	7.11
	年出栏量	0—30 头	218	51.66

续表

	统计特征	分类指标	样本量	百分比（%）
生产特征	年出栏量	31—100 头	126	29.86
		100 头以上	78	18.48
	养殖年限	0—5 年	44	10.43
		6—10 年	84	19.90
		10 年以上	294	69.67
	专业化程度	兼业	298	70.62
		专业	124	29.38

表 6.3 和表 6.4 显示了影响猪肉安全和质量的生猪养殖户生产行为。由影响猪肉安全的生产行为可知，养殖户病死猪处理和兽药使用的行为较为规范，81.04% 的养殖户在处理病死猪时采取深埋、焚化、制沼气等无害化处理方式；77.96% 的养殖户能够按照用药间隔期施用兽药；但大多养殖户倾向于不规范使用饲料添加剂，为了催肥、增加瘦肉的目的不规范使用添加剂预混饲料的比例占近 40%，仅有 35.54% 的养殖户会严格参照说明使用饲料添加剂。对影响猪肉安全的生产行为进行全面考察可以看出，能够在饲料使用行为、添加剂使用行为、病死猪处理行为以及兽药使用行为各个方面均按照规范进行生产的养殖户仅占 36.73%，约有 35% 的养殖户存在两个及以上的不规范行为，表明养殖户在饲养过程中难以做到全面地安全生产，从而为猪肉的安全埋下隐患。

表 6.3　影响猪肉安全和质量的生猪养殖户生产行为

统计指标	分类指标	样本量	百分比（%）
使用添加剂预混饲料的主要目的	从不使用	140	33.17
	为治疗和预防疾病	18	4.27
	作为保健品强化营养	100	23.70
	为催肥猪，缩短出栏时间	130	30.80
	为满足消费者的某类偏好，如增加瘦肉	34	8.06
怎样使用饲料添加剂	严格参照说明	150	35.54
	一般参照说明，但效果好会在各个阶段都使用	40	9.48
	一般参照说明，但效果不明显会多添加	28	6.64
	凭自己的经验	204	48.34
出栏前多长时间停止使用青霉素或链霉素	3 天以内	33	7.82
	4—7 天	27	6.40
	8—10 天	7	1.66
	11—15 天	26	6.16
	15 天以上	329	77.96
处理病死猪的方式	焚化	12	2.84
	深埋	311	73.70
	制沼气	19	4.50
	丢弃	46	10.90
	出售	23	5.45
	用作其他动物（包括鱼类）的饲料	11	2.61
生猪的选择	选择一般品种生猪	351	83.17
	选择较好品种生猪	53	12.56
	选择优质品种生猪	18	4.27
耳标上记录的信息	仅生猪代号	158	37.44
	生猪代号或养殖户信息或仔猪的父母本信息	67	15.88
	生猪代号、养殖户、仔猪的父母本以及防疫信息	163	38.63
动物福利	提供足够的、符合要求的食物和饮水	74	17.53
	提供适当空间，使其能够自由转身	28	6.64
	关注生猪的身体和心理健康	38	9.01

续表

统计指标	分类指标	样本量	百分比（%）
动物福利	以上都没有	282	66.82
粪便处理	废弃	49	11.61
	还田	294	69.67
	制沼气	42	9.95
	出售	37	8.77
污水处理	直接排放	119	28.19
	有专门的处理池	255	60.43
	其他	48	11.38

由影响猪肉质量的生产行为统计结果可以看出，绝大多数生猪养殖户在选择生猪品种时，选择普通品种的生猪，选择最优品种的生猪的养殖户仅占4.27%。就生猪的耳标信息记录而言，超过三成的养殖户给生猪佩戴耳标后，并未对养殖信息进行记录，能够完整记录防疫信息的养殖户不足样本量的40%；能够意识到生猪动物福利的养殖户仅占样本的33.18%；粪便还田仍然是目前生猪养殖户选择处理粪便的主要方式，采用制沼气以及出售等再生方式处理粪便的养殖户不足五分之一，仍有将近三成的养殖户对养殖过程中产生的污水进行直接排放。总体而言，能够在生猪选择、追溯管理、动物福利以及污水粪便处理等影响猪肉质量的生产行为上都符合规范的养殖户仅占样本的34.60%，多数养殖户存在一个到两个影响猪肉质量的不规范生产行为。由此可见，从猪肉的质量角度考察养殖户的生产行为，与从猪肉的安全角度相比，养殖户更难做到全面规范的生产。鉴于此，有必要全面考察养殖户的饲养行为，综合考虑影响其生产行为的因素。

表 6.4　影响猪肉安全和质量的生猪养殖户的总体行为

行为	符合规范的行为数	样本量	百分比（%）
影响猪肉安全的生产行为：	0	15	3.55
是否规范使用添加剂预混饲料	1	60	14.22
是否按照说明使用饲料添加剂	2	66	15.64
是否遵守休药期和兽药用量	3	126	29.86
是否对病死猪进行无害化处理	4	155	36.73
影响猪肉质量的生产行为：	0	7	1.66
是否挑选生猪品种	1	49	11.61
是否记录养殖信息	2	105	24.88
是否关注动物福利	3	115	27.25
是否对污水粪便进行处理	4	146	34.60

三、模型结果

建立生猪养殖户生产行为影响因素的多元概率模型，运用 stata11.0 进行回归，结果如表 6.5 和表 6.6 所示。

表 6.5 的估计结果显示了影响猪肉安全的四种生产行为，不同的生产行为受不同因素的影响方式、影响程度不同，同一因素对不同生产行为的影响也不尽相同。

表 6.5　影响猪肉安全的生产行为的主要因素

变量	REGULATION			INSTRUCTION		
	回归系数	标准误	边际效应	回归系数	标准误	边际效应
GENDER	0.022	0.134	0.009	–0.035	0.134	–0.014
AGE	–0.007	0.009	–0.003	0.005	0.008	0.002
MEDU	0.035	0.226	0.014	0.217	0.229	0.086
HEDU	0.083	0.223	0.033	0.538**	0.223	0.214**
SCALE	0.001	0.000	0.001	–0.001	0.001	–0.000
YEAR	–0.012**	0.006	–0.004**	–0.015**	0.006	–0.006**

续表

变量	REGULATION			INSTRUCTION		
	回归系数	标准误	边际效应	回归系数	标准误	边际效应
SPECIAL	0.234	0.152	0.093	0.496**	0.152	0.196**
FEED	0.349**	0.147	0.136**	0.465**	0.139	0.178**
ADDITIVE	–0.175	0.141	–0.070	0.276*	0.147	0.110*
RESIDUE	–0.082	0.154	–0.033	0.186	0.153	0.074
Cons	0.746	0.475	—	–0.966	0.446	—
变量	INTERVAL			HARMLESS		
	回归系数	标准误	边际效应	回归系数	标准误	边际效应
GENDER	–0.138	0.173	–0.055	0.135	0.165	0.054
AGE	–0.025**	0.011	–0.004**	0.002	0.010	0.001
MEDU	0.159	0.338	0.063	0.764**	0.283	0.294**
HEDU	0.582*	0.342	0.232*	0.757**	0.281	0.301**
SCALE	0.012**	0.003	0.001**	0.004***	0.001	0.001***
YEAR	–0.016**	0.007	–0.006**	–0.024***	0.007	–0.008***
SPECIAL	–0.087	0.247	–0.035	0.961***	0.194	0.369***
FEED	–0.037	0.188	–0.015	0.044	0.174	0.017
ADDITIVE	0.113	0.203	0.045	0.071	0.178	0.028
RESIDUE	0.437**	0.188	0.167**	0.366*	0.190	0.142*
Cons	0.973	0.724	—	–0.177	0.589	—
Log likelihood	–767.467					
Wald Chi2(40)	151.910					
Prob>Chi2	0.000					

注：***、**、* 表示参数分别在 1%、5% 和 10% 水平显著。

首先，对是否规范使用添加剂预混饲料（REGULATION）的估计显示，养殖年限（YEAR）和是否了解饲料（FEED）通过了显著性水平为 5% 的检验，表明养殖年限、对饲料的了解程度对养殖户规范使用添加剂预混饲料具有显著影响：养殖年限越长的养殖户，越有可能为了达到增加瘦肉和催肥的目的不规范使用添加剂预混饲料；对饲料越了解的养殖户，越倾向于规范使用添加剂预混饲料。

其次，对是否按照说明使用饲料添加剂（INSTRUCTION）的估计可知，高等受教育程度（HEDU）、养殖年限（YEAR）、是否专业化养殖（SPECIAL）以及是否了解饲料（FEED）、是否了解饲料添加剂（ADDITIVE）均通过了1%的显著性水平检验，表明养殖户的受教育程度越高、对饲料以及饲料添加剂越了解，越倾向于参照说明使用饲料添加剂；养殖年限越长的养殖户，其经验越丰富，多倾向于凭自己的经验使用饲料添加剂；专业化程度越高的养殖户，使用饲料添加剂更易参照说明，边际效应的结果也显示，专业养殖户比非专业养殖户参照说明使用饲料添加剂的概率高出19.58%。

再次，对是否遵守休药期和兽药用量（INTERVAL）的估计显示，通过5%显著性水平检验的变量有年龄（AGE）、养殖规模（SCALE）、养殖年限（YEAR）以及是否了解兽药残留超标对人体危害（RESIDUE），表明年龄越大、养殖年限越长，越不遵守休药期；养殖规模对养殖户是否遵守休药期具有正向影响；对兽药残留超标对人体造成危害越了解的养殖户，越倾向于遵守休药期，从边际效应的结果来看，其概率比不了解的养殖户增加了16.73%。

最后，对是否对病死猪进行无害化处理（HARMLESS）的估计可知，中高等受教育程度（MEDU、HEDU）、养殖规模（SCALE）、养殖年限（YEAR）以及是否专业化养殖（SPECIAL）均通过了显著性水平为5%的检验，表明养殖户的受教育程度越高、养殖规模越大、专业化程度越高，越倾向于对病死猪进行无害化处理，养殖年限越长的养殖户，丢弃、出售病死猪的可能性越大。

表 6.6 显示了影响猪肉质量的四种生产行为，同样地，不同的生产行为受不同因素的影响，具体而言：

第一，对是否选择生猪的品种（PIGLET）的回归显示，只有性别（GENDER）和是否专业化养殖（SPECIAL）通过了 1% 的显著性水平检验，表明养殖户挑选生猪品种的行为仅受到性别和专业化程度的影响，相较于男性，女性更注重对生猪品种的挑选；专业化程度越高的养殖户，越倾向于选择优质品种的生猪。

第二，对是否记录养殖的信息（RECORD）的估计显示，高等受教育程度（HEDU）、养殖规模（SCALE）、是否专业化养殖（SPECIAL）、是否了解饲料（FEED）以及是否了解饲料添加剂（ADDITIVE）均通过了显著性水平为 5% 的检验，表明学历、养殖规模、专业化程度以及对饲料和添加剂的了解程度均影响养殖户的追溯管理行为；受教育程度越高的养殖户，记录的养殖信息越全面；养殖规模越大、专业化程度越高的养殖户，在记录养殖信息时也更为规范；对饲料和添加剂越了解的养殖户，在使用时更为注意，因此也能更为全面地记录相应的信息，从边际效应的结果也可以看出，相比不了解饲料和添加剂的养殖户，对饲料和添加剂了解的养殖户规范记录养殖信息的概率分别提高了 26.17% 和 35.90%。

第三，由于大多数养殖户对动物福利并不关注，因此，对是否关注动物福利（WELFARE）的回归结果显示，只有高等受教育程度（HEDU）通过了显著性为 5% 的检验，说明受教育程度越高的养殖户，对动物的福利越为关注，边际效应的结果也显示，相比低学历的养殖户，高学历的养殖户对动物福利关注的概率要高 20.45%。

第四，对是否对污水粪便进行处理（WASTE）的估计结果显示，年龄（AGE）、是否专业化养殖（SPECIAL）通过了1%的显著性水平检验，值得注意的是，养殖户的年龄与处理污水粪便的行为正相关，而专业化反而负向影响养殖户处理污水粪便的行为，可能的解释是，专业化养殖造成的污水粪便相对集中，所需的处理成本较高，从而导致规范处理污水粪便的养殖户比例较低。

表 6.6　影响猪肉质量的生产行为的主要因素

变量	PIGLET			RECORD		
	回归系数	标准误	边际效应	回归系数	标准误	边际效应
GENDER	–0.237*	0.136	0.094*	–0.488*	0.291	–0.188*
AGE	0.009	0.008	0.003	–0.019	0.014	–0.004
MEDU	0.103	0.231	0.041	0.749*	0.333	0.289*
HEDU	0.510	0.236	0.203	1.594***	0.403	0.626***
SCALE	–0.000	0.000	–0.000	0.003**	0.002	0.001**
YEAR	–0.008	0.006	–0.003	0.005	0.011	0.002
SPECIAL	0.303*	0.155	0.120*	0.625**	0.296	0.245**
FEED	–0.107	0.146	–0.043	0.729**	0.282	0.262**
ADDITIVE	–0.217	0.147	–0.086	0.962***	0.311	0.359***
RESIDUE	–0.222	0.158	–0.088	0.076	0.318	0.030
Cons	0.427	0.469	—	1.270	0.804	—
变量	WELFARE			WASTE		
	回归系数	标准误	边际效应	回归系数	标准误	边际效应
GENDER	0.035	0.130	0.014	0.078	0.131	0.031
AGE	0.004	0.008	0.002	0.016*	0.008	0.004*
MEDU	0.048	0.225	0.019	0.204	0.232	0.081
HEDU	0.514**	0.225	0.205**	–0.123	0.232	–0.049
SCALE	0.000	0.001	0.001	0.000	0.001	0.000
YEAR	–0.004	0.005	–0.002	–0.002	0.005	–0.001
SPECIAL	–0.126	0.144	–0.050	–0.264*	0.147	–0.105*

续表

变量	WELFARE			WASTE		
	回归系数	标准误	边际效应	回归系数	标准误	边际效应
FEED	0.008	0.139	0.003	0.056	0.141	0.022
ADDITIVE	−0.133	0.142	−0.053	−0.038	0.144	−0.015
RESIDUE	−0.065	0.149	−0.026	−0.079	0.152	−0.032
Cons	0.118	0.437	—	−0.455	0.457	—
Log likelihood	−757.127					
Wald Chi2(40)	90.95					
Prob>Chi2	0.000					

注：***、**、* 表示参数分别在 1%、5% 和 10% 水平显著。

对影响猪肉安全的生产行为间的相关系数回归显示（见表 6.7），规范使用添加剂预混饲料与参照说明使用饲料添加剂、遵守休药期、病死猪无害化处理之间的相关系数均通过了显著性水平为 1% 的检验。病死猪无害化处理与参照说明使用饲料添加剂、遵守休药期之间的相关系数也通过了 5% 的显著性水平检验。这表明养殖户病死猪处理行为，饲料、添加剂以及兽药的使用行为之间存在某种内在关联，不规范的饲料、添加剂以及兽药使用行为可能伴随着不规范的病死猪处理行为，滥用添加剂预混饲料、不参照说明使用饲料添加剂，很可能意味着不遵守兽药的休药期。由此可见，养殖户的各项生产行为交织在一起，相互作用，构成一个复杂的网络关系。对影响猪肉质量的各项生产行为之间的相关系数回归则显示（见表 6.8），只有品种选择与追溯管理，动物福利与污水处理之间的相关性通过了 5% 的显著性水平检验。表明影响猪肉质量的各项生产行为之间的相关性不如影响猪肉安全的生产行为间的相关性紧密，这与选取的指标有一定的关系，从现实的角度也可以解释，养殖户对污水粪便的处理行为影响生猪的生存环境，与生猪的动物福利密切相关，而对养殖户生猪进行挑选则表明其对品种的关心，在一定程度上会影响其对耳标上生猪信息的记录。

根据卡方检验统计量的值，两个模型的零假设分别为 145.189 和 233.976，假设检验对应的 p 值均小于 0.001，说明需要联立方程系统，使用 Multivariate Probit 模型是合适的。

表 6.7　影响猪肉安全的生产行为之间的相关系数

相关系数	回归系数	标准误	z
Rho(REGULATION & INSTRUCTION)	0.619***	0.057	10.87
Rho(REGULATION & INTERVAL)	0.353***	0.088	4.01
Rho(REGULATION & HARMLESS)	0.553***	0.074	7.52
Rho(INSTRUCTION & INTERVAL)	0.028	0.098	0.28
Rho(INSTRUCTION & HARMLESS)	0.559***	0.076	7.33
Rho(INTERVAL & HARMLESS)	0.224**	0.105	2.14
Chi2(6)	145.189		
Prob>Chi2	0.000		

注：***、**、* 表示参数分别在 1%、5% 和 10% 水平显著。

表 6.8　影响猪肉质量的生产行为之间的相关系数

相关系数	回归系数	标准误	z
Rho(PIGLET & RECORD)	0.322**	0.112	2.86
Rho(PIGLET & WELFARE)	0.070	0.079	0.89
Rho(PIGLET & WASTE)	0.044	0.077	0.57
Rho(RECORD & WELFARE)	0.076	0.131	0.58
Rho(RECORD & WASTE)	0.117	0.131	0.89
Rho(WELFARE & WASTE)	0.879***	0.025	35.31
Chi2(6)	233.976		
Prob>Chi2	0.0000		

注：***、**、* 表示参数分别在 1%、5% 和 10% 水平显著。

四、内生性讨论

解释变量“是否了解饲料、是否了解饲料添加剂、是否了解兽药残留超标对人体危害（FEDD、ADDITVE、RESEDUE）”可能在一定程度上存在内生性问题。首先是遗漏变量问题，一些变量可能同时影响养殖户对各项生产行为的选择和对饲料、添加剂、兽药等相关知识的了解程度，例如“瘦肉精”等突发性的食品安全事件，“瘦肉精”事件爆发后，政府可能因此加强对养殖户生产行为的管制，从而改变养殖户的生产行为；同时，由于“瘦肉精”事件的广泛传播，养殖户也可能借此了解饲料、添加剂以及兽药的相关知识、加深对不规范使用饲料、添加剂和兽药可能产生不良后果的理解。但由于这些变量很难穷尽列举，因此在模型中一般将这些影响因素纳入随机扰动项中。由于养殖户对饲料、添加剂、兽药的了解程度与这些遗漏变量相关，也就间接地与扰动项相关，因此可能产生内生性问题。其次是联立内生性问题，养殖户的生产行为也可能在一定程度上反过来影响其对饲料、添加剂、兽药的了解程度。例如，一些养殖行为较为规范的养殖户，可能更注意对专业知识技能的获取，从而对不规范使用饲料、添加剂以及兽药等行为可能产生的负面影响理解更为深刻。

为解决内生性问题，本书采取工具变量法。在选取工具变量时，本书尝试考虑“是否加入专业合作社”。专业合作社可以通过开展知识培训来影响养殖户对饲料、添加剂和兽药的了解程度，但专业合作社通常会对养殖户的生产行为提出标准化的要求，可能会对养殖户的生产行为产生直接影响，因此不具有独立性，不能直接作为工具变量。但当地村落中专业合作社的数量对养殖户的生产行为并不产生直接影响，因此本书将当地村落中专业合作社的数量作为工具变量。

五、交叉项讨论

由于规模与专业化二者之间存在交互效应，接下来分析规模与专业化之间的交互作用对生猪养殖户生产行为的影响。如表 6.9 所示，专业化和规模化养殖之间的交互作用显著影响生猪养殖户的饲料、添加剂、兽药的使用行为；同时，病死猪的处理、生猪的选择以及追溯记录管理也受到规模化和专业化之间交互作用的影响。有些生产行为在单独的专业化或者规模化影响下并不显著；例如，影响猪肉安全的饲料使用行为和兽药使用行为，影响猪肉质量的品种选择行为以及养殖信息记录行为等，但在规模化与专业化交互作用的影响下却十分显著。由此可见，当规模化与专业化两种饲养模式同时存在时，对养殖户生产行为的改变可能存在更大的影响。

表 6.9　专业化和规模之间的交互作用的方差分析

变量	REGULATION			INSTRUCTION		
	均方差	F	Prob>F	均方差	F	Prob>F
Model	0.489	3.49	0.000	0.542	4.08	0.000
SCALE	0.474	3.37	0.000	0.556	4.19	0.000
SPECIAL	0.142	1.01	0.316	1.752	13.21	0.000
SPECIAL × SCALE	0.574	4.09	0.000	0.309	2.33	0.001
变量	INTERVAL			HARMLESS		
	均方差	F	Prob>F	均方差	F	Prob>F
Model	0.276	3.50	0.000	0.388	6.19	0.000
SCALE	0.277	3.52	0.000	0.354	5.64	0.000
SPECIAL	0.011	0.14	0.710	2.813	44.87	0.000
SPECIAL × SCALE	0.209	2.65	0.000	0.517	8.25	0.000
变量	PIGLET			RECORD		
	均方差	F	Prob>F	均方差	F	Prob>F
Model	0.472	3.48	0.000	0.123	4.53	0.000

续表

变量	PIGLET			RECORD		
	均方差	F	Prob>F	均方差	F	Prob>F
SCALE	0.397	2.93	0.088	0.137	5.08	0.000
SPECIAL	0.471	3.48	0.000	0.042	1.54	0.215
SPECIAL × SCALE	0.472	3.49	0.000	0.087	3.21	0.000

变量	WELFARE			WASTE		
	均方差	F	Prob>F	均方差	F	Prob>F
Model	0.204	0.84	0.871	0.192	0.73	0.974
SCALE	0.184	0.75	0.949	0.187	0.72	0.974
SPECIAL	0.429	1.76	0.186	0.580	2.22	0.137
SPECIAL × SCALE	0.294	1.20	0.254	0.208	0.79	0.713

六、考虑内生性与交叉项的估计结果

根据上述分析，由于内生性和交叉项的存在，有必要对模型进行重新估计。引入工具变量“当地村落合作社的数量（NUMBER）”和“专业化和规模化的交叉项（SS）”对养殖户影响猪肉安全的各项生产行为分别进行估计，表 6.10 显示了估计结果。

表 6.10 考虑内生性与交叉项的估计结果

变量	饲料的使用行为		变量	饲料添加剂的使用行为	
	FEED	REGULATION		ADDITIVE	INSTRUCTION
NUMBER	1.043^{***} （0.159）	—	NUMBER	0.887^{***} （0.143）	—
FEED	—	0.718^{*} （0.464）	ADDITIVE	—	0.666^{**} （0.269）
GENDER	−0.058（0.142）	−0.045（0.133）	GENDER	−0.098（0.140）	−0.027（0.135）
AGE	−0.015（0.009）	−0.005（0.009）	AGE	0.014（0.009）	0.002（0.008）
MEDU	0.711^{**} （0.260）	0.061（0.239）	MEDU	0.746^{***} （0.239）	0.159 （0.247）

续表

变量	饲料的使用行为		变量	饲料添加剂的使用行为	
	FEED	REGULATION		ADDITIVE	INSTRUCTION
HEDU	0.746** (0.266)	0.149 (0.235)	HEDU	0.891*** (0.244)	0.535** (0.242)
SCALE	0.001** (0.001)	0.000 (0.000)	SCALE	−0.001* (0.001)	0.000 (0.000)
YEAR	−0.006 (0.006)	−0.013* (0.005)	YEAR	−0.003 (0.005)	−0.015*** (0.005)
SPECIAL	0.217 (0.191)	0.048 (0.175)	SPECIAL	0.128 (0.179)	0.598*** (0.173)
SS	0.001 (0.001)	0.002** (0.001)	SS	0.000 (0.001)	0.000 (0.000)
Log likelihood	−498.020		Log likelihood	−509.097	
Wald chi2(18)	95.590		Wald chi2(18)	96.89	
Prob>chi2	0.000		Prob>chi2	0.000	

变量	兽药的使用行为		变量	病死猪的处理行为	
	RESIDUE	INTERVAL		RESIDUE	HARMLESS
NUMBER	1.046** (0.470)	—	NUMBER	0.400*** (0.144)	—
RESIDUE	—	0.689** (0.367)	RESIDUE	—	0.421** (0.345)
GENDER	−0.010 (0.139)	−0.163 (0.174)	GENDER	0.133 (0.140)	−0.024 (0.168)
AGE	−0.030** (0.008)	−0.021* (0.011)	AGE	−0.028 (0.009)	0.008 (0.011)
MEDU	0.565** (0.232)	0.048 (0.345)	MEDU	0.581*** (0.233)	0.534* (0.294)
HEDU	0.762** (0.230)	0.445 (0.339)	HEDU	0.825*** (0.233)	0.688** (0.305)
SCALE	0.001 (0.000)	0.014* (0.006)	SCALE	0.001 (0.000)	0.004*** (0.001)
YEAR	−0.017** (0.005)	−0.016* (0.007)	YEAR	−0.018*** (0.006)	−0.024*** (0.007)

续表

变量	兽药的使用行为		变量	病死猪的处理行为	
	RESIDUE	INTERVAL		RESIDUE	HARMLESS
SPECIAL	-0.183 (0.187)	-0.042 (0.404)	SPECIAL	0.183 (0.187)	0.817*** (0.249)
SS	0.003*（0.001）	0.002（0.007）	SS	0.002*（0.001）	0.004（0.003）
Log likelihood	-392.557		Log likelihood	-408.661	
Wald chi2(18)	75.330		Wald chi2(18)	97.41	
Prob>chi2	0.000		Prob>chi2	0.000	

注：NUMBER 表示专业合作社的数量，SS 为变量 SPECIAL×SCALE 的缩写，表示专业化和规模化的交叉项，***、**、* 表示参数分别在 1%、5% 和 10% 水平显著。

根据表 6.10 的结果可知，选取的工具变量在饲料使用、添加剂使用、兽药使用以及病死猪处理四个行为的估计中均显著影响养殖户对饲料、添加剂以及兽药残留的了解程度，说明是有效的工具变量。在其他被解释变量中可以看到，是否了解饲料、是否了解饲料添加剂、是否了解兽药残留超标对人体危害（FEDD、ADDITVE、RESEDUE）的回归均显示，养殖户的中等受教育程度和高等受教育程度（MEDU、HEDU）全部通过了显著性水平为 5% 的检验，说明养殖户的受教育程度越高，对饲料、添加剂和兽药的相关知识越了解，但受教育程度对养殖户生产行为的影响却并没有全部通过显著性检验。由此说明，养殖户的受教育程度对生产行为的影响并不直接，而是通过丰富养殖户的生产知识，来改变养殖户的生产行为。

养殖规模与是否专业化养殖（SCALE、SPICAL）对生产行为的影响与表 6.5 的回归结果类似，专业化养殖有助于规范养殖户的饲料添加剂的使用行为以及病死猪的处理行为，养殖规模越大的养殖户，在遵守休药期和无害化处理病死猪方面也表现得更为规范。但具体到每一项生产行为，规模与专业化的影响却不是简单地正向影响，这在后文中将会讨论。尽管交叉项对养殖户生产行为的影响不如预期显著，但对饲料、添加剂、兽药的了解程度却普遍具有显著的正向影响。养殖年限（YEAR）不仅显著负向影响养殖户对兽药残留的了解程度，也对养殖户的各项生产行为呈显著的负向影响，这与前面的估计结果一致。

第三节 结果讨论与政策建议

一、结果讨论

本章对生猪养殖户在饲养过程中的饲料、添加剂、兽药使用行为、病死猪处理行为以及生猪选择、追溯管理、动物福利态度和污水粪便处理行为进行了全面研究，并对其影响因素进行了综合分析，得出以下结论：

第一，养殖年限对养殖户的安全生产行为具有负向影响，但对养殖户影响猪肉质量的生产行为作用并不显著。对养殖户规范使用添加剂预混饲料、参照说明使用饲料添加剂、遵守休药期以及病死猪无害化处理的回归均显示，养殖户的养殖年限越长，越倾向于采取不规范的生产行为。养殖年限越长，养殖户对生猪养殖的饲养方法受传统经验的影响较深，对焚化、深埋、化制等处理病死猪的新技术接受能力有限，饲料、添加剂以及兽药的使用方法也易倾向于凭借自己的经验。

第二，受教育程度正向影响养殖户的生产行为。对添加剂的使用行为、病死猪的处理行为、信息记录行为以及对待动物福利的态度的回归结果显示，受教育程度越高的养殖户，越倾向于参照说明使用饲料添加剂，对病死猪进行无害化处理，同时更全面地记录养殖信息和更关注生猪的动物福利。养殖户的文化水平越高，对饲料、添加剂以及兽药的使用说明的理解程度越高，从而更能规范地进行生产。文化水平的高低直接影响养殖户的追溯管理行为，由于养殖过程中需要记录的信息较为复杂，需要通过一定的文字、符号来完成，文化水平低的养殖户往往不能全面掌握并记录这方面的信息。此外，文化水平的高低，也与养殖户对待动物福利的态度正相关，学历越高的养殖户，倾向于对生猪的动物福利给予更多的关注。

第三，养殖规模对遵守休药期、病死猪无害化处理以及追溯管理具有正向影响，但对饲料和添加剂的使用行为影响不显著。养殖规模越大，越有条件配备无害化处理的设施、获得政府无害化处理补贴的可能性越大，对养殖户进行病死猪无害化处理的激励越大。此外，养殖规模越大，饲养的密集程度越高，发生疫病的可能性越高，对兽药的使用要求可能更为严格，因此，更倾向于规范用药。虽然规模养殖的基础设施更完善、生产管理更规范，但是规模越大，进行严格质量控制的机会成本越高，且规模的扩大对添加剂以及工业饲料的需求也随之增加，可能导致其在安全方面面临更大的风险，因此养殖规模对饲料和添加剂使用行为的影响并不显著。

第四，专业化对添加剂的使用行为和病死猪的处理行为具有显著的正向影响，但对动物福利以及污水粪便的处理行为呈负向影响。专业化程度越高，对生猪养殖投入的精力越多，无害化处理病死猪的可能性越高，也更易参照说明使用饲料添加剂。此外，专业化程度越高，生产管理更加规范，对养殖信息的记录也更加规范，从而对追溯管理的行为具有正向影响。然而，专业化程度越高，产生污水粪便更为集中，在一定程度上加大了处理的成本，可能导致一些不规范的处理行为的存在。此外专业化的程度越高，对待动物福利越漠视，这是追求经济效益带来的负面影响。

第五，对饲料添加剂、禁用兽药以及兽药残留超标对人体造成危害的了解程度对有效规范养殖户的生产行为具有针对性。对饲料添加剂了解的养殖户倾向于参照说明使用饲料添加剂，但对是否规范使用添加剂预混饲料、是否遵守休药期以及是否对病死猪进行无害化处理并无显著影响；对兽药残留超标对人体造成危害越了解的养殖户，更易遵守休药期，但在规范养殖户饲料、添加剂使用行为和病死猪处理行为上作用不大。

二、政策建议

本章的研究结论对政府规范养殖户安全生产行为，保障猪肉质量安全具有政策借鉴意义。首先，针对目前我国养殖户年龄普遍较高、文化水平相对较低的现状，政府应加强对养殖户的宣传教育。通过电视、广播、报刊、宣传栏等多种方式提高养殖者的科学文化水平；有针对性地开展养殖技术培训，通过发放技术资料、开办培训班、举行座谈会等方式，就饲料、兽药、添加剂的使用方法，病死猪无害化处理方式，猪舍环境、喂养时间等饲养技术进行专业讲解；加强养殖专业人才培养，为养殖户提供生猪养殖产前、产中以及产后的技术指导。其次，发展适度规模经营。尽管规模养殖户在遵守休药期以及病死猪无害化处理方面表现良好，但规模扩大带来的饲料、兽药用量的增加，导致其面临的风险也进一步加大。此外，规模化对生态环境以及疫病防控所造成的压力也不容忽视，因此，规模发展应当适度。在生猪养殖规模化、集约化的发展过程中，应注重管理技术以及配套的医疗防疫技术的推广，重视饲料和兽药使用的规范性，加强质量安全控制。再次，积极推广新技术应用，加大对无害化处理的标准及方法的宣传，落实病死猪无害化处理的补贴政策。最后，由于养殖年限、规模以及受教育程度是影响生猪养殖户安全生产的主要因素，为保证猪肉的质量安全，政府应加大对养殖年限较长、文化水平较低的中小规模养殖户的监管力度。

本章在前两章的基础上进一步研究了生猪养殖户的生产行为。从猪肉安全和猪肉质量两个视角，分别对影响生猪养殖户生产行为的主要因素进行了分析。根据利润最大化的原则，归纳出影响生猪养殖户生产行为的主要因素，包括生猪养殖的年出栏量、养殖年限、专业化养殖程度、猪肉的价格、投入品的价格、生猪养殖户的性别、年龄、受教育程度等个体特征因素，以及养殖户对相关投入品的了解程度，据此依据 Multivariate Probit 模型进行回归分析。结果显示，养殖年限对养殖户采用安全的生产行为具有负向影响，受教育程度不仅正向影响养殖户的安全生产行为，而且对提高猪肉产品的质量也有促进作用。这一结论与前两章的分析结果一致。此外，本章的结论还显示，养殖规模和专业养殖在影响养殖户生产行为上的复杂性：养殖规模对遵守休药期以及病死猪无害化处理的行为具有正向影响，但对饲料和添加剂的使用行为影响并不显著；专业化有助于规范养殖户添加剂的使用行为和病死猪的处理行为，但对养殖户动物福利的态度以及污水粪便的处理行为却呈负向影响。由此提出，有针对性地加强对养殖户的宣传教育，发展适度规模经营，推广病死猪处理技术以及增强对养殖户的技术指导等，是保障猪肉安全和提高猪肉质量的有效途径。

第七章 研究结论、政策启示与研究展望

第一节 主要结论

本书从食品质量安全风险的视角探讨食品生产者的生产行为。基于文献研究和理论回顾，明确了食品质量安全的基本含义，探讨了影响食品安全和食品质量的生产行为所包含的具体内容。依据经典的委托—代理模型，构建了研究食品质量安全问题的分析框架，并据此确定了促使生产者进行规范生产的激励价格计算公式 w_1 和 w_2。依据激励价格计算公式，估算了促使生猪养殖户在关键的生产行为上采取规范的生产方式的激励价格。其后，利用对江苏省、安徽省生猪养殖户的调查数据，分析了养殖户在激励价格的约束下对不同安全程度以及质量程度的生产行为的偏好，并进一步分析影响这些行为偏好的主要因素。通过理论研究与实证分析，勾勒出生猪养殖环节养殖户生产行为的基本轮廓。本书的主要结论从基于食品安全的视角，基于食品质量的视角以及基于食品质量安全的视角三个方面进行阐述。

一、基于食品安全的视角

基于食品安全的视角，生猪养殖环节影响猪肉安全的关键生产行

为包括饲料的使用行为、饲料添加剂的使用行为、兽药的使用行为以及病死猪的处理行为四个方面，从安全程度上考虑，对应不同的安全层次可对每一个生产行为进行进一步的划分。具体而言，对饲料的使用行为划分为三个层次：凭经验随意使用饲料、使用时注意饲料的质量以及使用时不仅注意饲料的质量而且注重饲料的配比用量；对饲料添加剂的使用行为划分为凭经验随意使用添加剂、按照规定的范围使用添加剂以及按照规定的范围和剂量使用添加剂三个层次；对于兽药的使用行为，同样也划分为三个层次，依次是凭经验使用兽药、按照规定的剂量使用兽药、按照规定的剂量和休药期使用兽药；对于病死猪的处理行为则划分为不处理病死猪，自己无害化处理病死猪以及送至无害化处理厂统一化制病死猪三个层次。

在激励相容的约束下，进一步分析了养殖户对上述安全生产行为以及不同层次的安全生产行为的偏好。结论主要有：

首先，总体而言，在激励相容的约束下，尽管养殖户对安全生产行为的偏好全部为正，但却并非全部显著。也就是说，现有的激励机制虽然对养殖户的生产行为存在一定的约束，但并不能确保养殖户在每一个关键的生产行为上都采取最安全的生产方式。具体而言，养殖户在饲料以及饲料添加剂的使用行为方面明显不如对病死猪的处理行为规范，这与养殖户对饲料、饲料添加剂的使用行为不重视有很大的关系。或者说，这与政府在病死猪处理方面的管制力度与宣传程度密不可分。因为在调查访谈的过程中，养殖户在谈到出售病死猪时无不表示："抓到可是要罚的，罚得可厉害了！"由此可见，由于近年来政府加大了对病死猪非法交易行为的打击力度，导致养殖户对病死猪的处理行为十分重视，从而在一定程度上规范了养殖处理病死猪的行为。

此外，相对于自己无害化处理病死猪而言，多数养殖户还是倾向对病死猪进行统一的无害化处理。

其次，就不同规模的养殖户而言，中小规模的养殖户对安全生产行为的偏好最低。与预期的结果不同，散户并不是在安全生产行为上表现最差的一个类别。出栏量在30—500头之间的中小规模养殖户在使用饲料与饲料添加剂时，普遍倾向选择安全程度较低的生产行为：小规模的养殖户对安全使用饲料的行为偏好显著为负，对安全使用饲料添加剂的行为偏好不显著；中规模的养殖户对安全使用饲料以及安全使用饲料添加剂的行为偏好均不显著。而散户则在使用饲料添加剂时，可能存在超量使用的不安全生产行为。

再次，就潜在类别分组而言，对安全生产行为表示偏好的类别仅占样本的32.6%，仍有18.3%的养殖户拒绝进行安全生产，而表示中立的养殖户接近样本的一半。不同类别的养殖户对安全生产的接受意愿也表现出很大的差异性。对于拒绝进行安全生产的养殖户，对多数生产行为的接受意愿均为负，尤其是在规范使用饲料和饲料添加剂方面，表现出很高的负向接受意愿。对于中立者而言，他们对按照规定的剂量使用兽药的接受意愿为负，对使用饲料时注意饲料的质量和配比用量以及按照规定的范围和剂量使用饲料添加剂的接受意愿普遍不高。因此要提高其对安全生产的偏好，需要在这几个方面作出努力。

最后，根据影响养殖户生产行为的主要因素分析，养殖年限过长是制约养殖户采取安全生产行为的主要因素，而提高受教育程度则是促进养殖户进行安全生产的重要途径。此外，提高对饲料添加剂、禁用兽药以及兽药残留的了解程度能够有针对性地规范养殖户的生产行为。影响因素的分析再次验证了养殖规模对影响生猪养殖户生产行为的复杂性，而专业化程度在对养殖户采用安全的生产行为方面也不是简单的促进作用。

二、基于食品质量的视角

基于食品质量的视角，生猪养殖户影响猪肉质量的关键生产行为主要包括品种的选择行为、养殖信息的记录行为、对待动物福利的态度以及污水粪便的处理行为四个方面。从对猪肉质量的提高程度考虑，对应不同的质量层次可对每一个生产行为做进一步的划分。具体而言，对品种的选择行为划分为三个层次：选择最为优质的品种、选择比较好的品种以及选择一般的品种；对养殖信息的记录管理划分为记录养殖户的信息，记录养殖户和生猪品种、出生日期等基本的养殖信息以及记录养殖过程的全部信息三个层次；在动物福利方面，同样也划分为三个层次，分别为猪舍空间狭窄通风较差、猪舍空间一般通风一般和猪舍空间宽敞通风良好；最后，将养殖户对污水粪便的处理行为划分为三个层次，包括不处理污水粪便、简单地处理之后还田，以及通过专门的化粪池、沼气池进行处理。

同样，在激励相容的约束下，进一步分析养殖户对上述不同质量层次的生产行为的偏好。主要结论有：

第一，从总体上看，即使在激励相容的约束下，养殖户对提高猪肉质量的生产行为的偏好也并不是非常强烈。具体表现为，养殖户对记录全部养殖信息的偏好为负，对为生猪提供空间宽敞通风良好的猪舍环境的偏好也不显著。在四种影响猪肉质量的关键行为中，养殖户认为污水粪便的处理行为最为重要，其次是品种的选择、动物福利，最后是养殖信息记录，仅占 6.78%，由此也解释了养殖户在信息记录以及动物福利方面对采用更有利于猪肉质量的生产行为的不偏好。然而，尽管有超过一半的养殖户认识到污水粪便处理的重要性，但他们在对污水粪便进行处理时，并没有一致地偏向采用专门的设备或建造沼气池对污水粪便进行处理，甚至对简单地处理污水粪便再进行还田也表现出较大的差异性。

第二，就不同规模的养殖户而言，散户、中小规模养殖户在对能够提高猪肉质量的生产意愿上，都不如大规模养殖户强烈。尽管无论对于何种规模的养殖户而言，在养殖信息的记录方面都表现不佳，但大规模养殖户无论是在品种的选择上偏好最优质的品种，还是在动物福利方面倾向为猪只提供通风良好空间宽敞的生产生活环境，或是在处理污水粪便时，既愿意对污水粪便进行简单地处理之后还田，也愿意购入专门的处理设备对污水粪便进行处理。综合来看，大规模的养殖户在生产高质量的猪肉方面具有更强的动力。而散户和小规模养殖户在污水粪便的处理方面，中规模养殖户在对待动物福利的态度方面，均不同程度地表现出对不规范生产行为的偏好。

第三，从潜在类别分组来看，养殖户对不同质量层次的生产行为的偏好表现出较大的异质性。基本可将养殖户分为四个类别，其中愿意提供高质量猪肉的养殖户组仅占样本的 14.8%，有一半的养殖户拒绝按照能够提供高质量猪肉的生产方式进行生产。22.6% 的养殖户不在意猪肉质量，剩下 15.7% 的养殖户为价格敏感者。对于拒绝提高猪肉质量的养殖户，其对选择优质品种或较优品种的行为并未表现出显著偏好，对记录养殖过程中的全部信息和采用专业设备、建造沼气池处理污水粪便的偏好显著为负，在对待动物福利的态度方面也需要提升。而对于愿意提供高质量猪肉的养殖户而言，其在信息记录方面的行为也有待进一步规范。

第四，对影响养殖户生产行为的主要因素回归显示，受教育程度仍然是影响养殖户信息记录、对待动物福利的态度的主要因素。提高受教育程度有助于规范养殖户的信息记录行为，提高对饲料和添加剂的了解程度也有助于养殖户记录更为全面的养殖信息。此外，养殖规模也是影响养殖户信息记录的重要因素。但专业化程度在影响养殖户选择质量层次更高的生产行为上却表现出复杂性：一方面，专业化生产的养殖户更倾向于优质品种的仔猪；另一方面，专业化生产却令养殖户忽视动物福利，在污水粪便的处理方面，也因面临更大的处理成本容易出现不规范的处理行为。

三、基于食品质量安全的视角

对比食品安全与食品质量两个视角下的研究结果，有以下结论：

首先，比较两种视角下测算的激励价格发现，生猪养殖户选择提高猪肉质量的生产行为需要更高的激励价格。根据最优支付公式计算出在提高猪肉安全和提高猪肉质量两种情况下需要的平均激励价格分别为 3 元和 11 元。显然，提高猪肉的质量需要更高的激励。另外，本书发现，即使是在更高的激励价格下，养殖户对提高猪肉质量的偏好也仍然不如对提高猪肉安全的偏好强烈。也就是说，激励价格对养殖户安全生产的激励效果要大于对养殖户生产高质量猪肉的激励效果。潜在类别估计的结果也显示，有 49.1% 的安全生产中立者以及 49.9% 的拒绝提高猪肉质量者。由此可见，保证猪肉安全与提高猪肉质量的任务依然十分艰巨。并且，从接近一半的养殖户拒绝生产高质量的猪肉来看，提高猪肉的质量可能面临更大的阻力。

其次，无论是从保证猪肉安全还是提高猪肉质量的角度，大规模养殖户都具备相对较高的实力与较为强烈的意愿。与预期结果不同的是，散户并不是在保证猪肉安全、提高猪肉质量方面表现最差的一类；相反，其在饲料的使用以及对待动物福利的态度等方面甚至要优于中小规模的养殖户。因此，提高猪肉的质量安全，要重点关注中小规模养殖户的生产行为。

最后，受教育程度无论是在规范养殖户的安全生产行为方面，还是在促使养殖户选择有利于提高猪肉质量的生产行为方面，都具有非常重要的作用。提高养殖户对饲料和添加剂的了解程度不仅有助于规范养殖户在使用饲料添加剂方面的生产行为，而且能够促使养殖户记录全面的养殖信息。

第二节 政策启示

尽管本书的实证分析基于江苏、安徽两省的调研数据，但对保障猪肉的安全、提高猪肉的质量以及促进全国生猪养殖业的健康发展有重要的参考价值，并且，对基于食品质量安全的角度规范生产者的生产行为具有一定的政策启示。主要体现在：

第一，根据危害分析与关键控制点，影响猪肉质量安全的关键生产行为主要包括饲料、饲料添加剂、兽药的使用行为、病死猪的处理行为、品种的选择行为、养殖信息的记录行为、对待动物福利的态度以及污水粪便的处理行为八个方面。因此，政府在对养殖户的生产行为进行监管时，要注意加强对这八个方面的生产行为的监管。

第二，中小规模养殖户是制约猪肉质量安全得以提升的关键。中小规模的养殖户一方面面临较大的成本压力，一方面又尚未形成规模效应，不仅没有动力提高产品的质量，而且更易出现偏离安全生产规范的生产行为。因此，国家在加大对规模养殖户的重视与扶持的同时，应当对中小规模养殖户予以更多的关注。不仅要加强对中小规模养殖户的监管，还要通过经济手段引导养殖户采取更为规范的生产行为。

第三，政府应当加大对病死猪集中处理的投入。尽管近年来非法出售病死猪、随意丢弃病死猪的现象有了很大的改善，多数养殖户都愿意对病死猪进行无害化处理。但受技术和成本的限制，养殖户的处理往往不符合标准，难以达到控制疾病传播、保护卫生环境的要求。而研究的结果显示，事实上养殖户更倾向对病死猪进行集中的无害化处理，但迫于当地缺乏集中处理的设施，只能选择自己处理。因此，政府应当大力扶持病死猪集中处理厂的建设，从根源上解决病死猪带来的食品安全问题和环境污染问题。

第四，鉴于养殖户对饲料、饲料添加剂的使用行为的不重视，政府应在这几个方面加强对养殖户的教育：定期组织有关饲料、饲料添加剂使用技术方面的培训，提高养殖户对饲料的配比和用量、添加剂的使用范围和剂量方面的认知，理解不规范使用饲料和饲料添加剂对生猪的健康和安全造成的风险，增强养殖户规范、科学用药的意识。

第五，为规范档案信息管理，促进养殖户全面地记录养殖信息，政府应加强耳标发放监管，提高耳标的佩戴率；同时，还要注重加强对养殖户使用耳标记录养殖信息的培训。另外，还应当加强对高龄养殖户的扫盲工作。研究结果显示，受教育程度低、养殖年限长是制约养殖户规范记录养殖信息的重要因素，对于这类养殖户，由于识字能力有限，在主观上不愿意记录养殖信息，在客观上出现漏记、错记信息的可能性也非常高。因此，规范档案信息管理，提高养殖信息的可追溯性，需要加强对养殖户的基础教育。

第三节 研究展望

本书构建了食品生产者行为决策的理论模型与促使生产者规范生产的激励相容机制，基于实证分析探讨了生猪养殖户的生产行为，但研究中仍存在诸多不足之处，有待未来进一步的研究解决。

首先，受经费与精力的限制，本书仅以生猪养殖环节养殖户的生产行为为例进行实证分析，由于食品的种类极其丰富，不同种类的食品涉及的生产环节和生产行为具有非常大的差异性。因此，后续的研究可以考虑实证调研不同种类的食品生产者的生产行为，以验证本书的行为决策模型与激励相容机制的普适性，揭示食品生产者生产行为的一般规律。

其次，受研究工具的限制，本书未能将动态博弈下的委托—代理模型应用于实际，而是基于养殖户与购买者进行单次博弈的假设下构建的分析，未能十分准确地反映现实情况。未来的研究可以尝试引入仿真的方法，考察动态博弈下生产者与购买者的博弈模型，对生产者与购买者的行为进行更符合实际的模拟，力求得出更有力的结论。

最后，当置于整个经济社会中进行分析时，生产者的身份非常复杂，既是食品的生产者，也是生产资料的购买者，更是最终产品的消费者。同时在面对政府规制、产业组织约束时，其效用函数也不能简单地采用利润函数替代，这就涉及对理性经济人基本假设的讨论了，尽管人性的探讨是一个非常复杂的议题，但后续的研究仍可以考虑一个更复杂的经济社会模型，将食品生产者置于更贴近实际的交易市场中分析，以得出更符合实际的结论。

附　录

生猪养殖户生产行为以及影响因素的调查问卷

样本（省、市、镇、村）：　调查日期：　调查员：　问卷编号：

说明：本问卷的题项，除特别说明外，均是单选题，只选择一个答案，并在相应的题号处打“√”。如果是多选题或其他类型的题目，则请您按照说明进行处理。我们十分感谢您的支持与配合。

一、基本信息

1. 您的性别：（1）男；（2）女

2. 您的年龄：________

3. 您的婚姻状况：（1）未婚；（2）已婚

4. 您的受教育程度（未毕业视同为毕业计算）：（1）小学及以下；（2）初中；（3）高中（包括中等职业）；（4）大专（包括高等职业技术）；（5）本科及以上

5. 您的家庭人口数为：（1）1 人；（2）2 人；（3）3 人；（4）4 人；（5）5 人及以上

6. 家庭养猪收入占家庭总收入的比重：（1）30% 及以下；

（2）31%—50%；（3）51%—80%；（4）81%—90%；（5）91% 及以上

7. 在家庭成员中，主要从事生猪饲养的劳动力占家庭总人口的比重：（1）30% 及以下；（2）31%—50%；（3）51%—80%；（4）81%—90%；（5）91% 及以上

8.2016 年您家庭生猪养殖大约共出栏______头猪；目前生猪存栏量______头，能繁母猪______头；到目前为止，您从事养猪业______年

9. 您养猪属于：（1）兼业，还有其他收入来源；（2）专业，家庭收入主要依靠养猪

10. 您的家中是否有 12 岁以下的小孩：（1）有；（2）无

二、养殖户的养殖行为与认知

（一）仔猪购买

1. 您家仔猪的来源：（1）全部自繁；（2）全部外购；（3）部分自繁，部分外购

2. 如果外部购买，您选择仔猪供应商的原因（多选）：（1）选择品质有保证的；（2）距离近，比较方便；（3）长期合作关系；（4）价格低；（5）供应者承诺收购育肥猪

3. 如果外部购买，您选择仔猪的品种是：（1）选择品种最优的；（2）选择品种较好的；（3）选择品种一般的；（4）其他

（二）饲料的使用

1. 您家的生猪饲料主要来源：（1）全部购买；（2）部分购买，部分自制；（3）全部自制

2. 您购买生猪饲料时首要考虑的因素：（1）价格；（2）质量；（3）口感；（4）购买是否方便（购买距离）；（5）品牌

3. 您的饲料购买渠道是：（1）个体商贩；（2）饲料专卖店；（3）农业技术推广站；（4）兽医站；（5）直接到生产厂商购买；（6）其他途径

4. 您是否与饲料供应商或生产商签订合同：（1）签订书面协议；（2）口头承诺；（3）中间商或政府机构担保；（4）没有任何协议担保

5. 针对生猪不同成长阶段，您是否选用不同的饲料？（1）是；（2）否

6. 您怎样使用预混饲料？（1）凭经验进行配比；（2）有时参照配方，通常根据经验配比；（3）一般按照说明进行配比，偶尔根据经验来配比；（4）严格按照说明进行配比使用

7. 您使用粮食类饲料的配比是？（多选）（1）20%及以下；（2）21%—40%；（3）41%—60%；（4）61%—80%；（5）80%以上

8. 以下饲料您听说过哪些？（多选）（1）公猪料；（2）妊娠料；（3）哺乳母猪料；（4）哺乳仔猪料；（5）开食仔猪料；（6）保育料；（7）生长料；（8）育肥料

（三）饲料添加剂的使用

1. 您使用添加剂预混料的目的主要是：（1）从不使用；（2）使用，为治疗和预防疾病；（3）使用，作为保健品强化营养；（4）使用，为增加猪的食欲；（5）使用，为满足消费者的某类偏好，卖出好价钱（如增加瘦肉）

2. 您怎样使用饲料添加剂？（1）凭自己的经验；（2）参照说明，但效果不明显会多添加；（3）参照说明，效果好则在各个阶段都使用；（4）严格参照说明

3. 您是否按照规定的范围使用饲料添加剂？（1）不会，通常凭经验；

（2）偶尔会，多数按照经验；（3）一般都会；（4）肯定会

4. 您是否了解猪肉中饲料添加剂残留超过标准将可能对人体的健康产生危害？（1）完全不了解；（2）有些了解；（3）一般了解；（4）比较了解；（5）非常了解

5. 饲料添加剂的作用有哪些？（多选）（1）补充营养；（2）补充维生素；（3）增进动物食欲；（4）促进生长；（5）帮助消化；（6）抗氧化防霉；（7）抑制病菌；（8）防治疾病

6. 氨基酸类饲料添加剂适用于？（可多选）（1）哺乳仔猪；（2）开食仔猪；（3）配种公猪；（4）育肥猪；（5）妊娠母猪

（四）疫苗与兽药的认知与使用

1. 你所使用的疫苗主要来源于：（1）自己购买；（2）政府发放；（3）不打疫苗

2. 您使用的疫苗实际效果如何：（1）没效果；（2）效果一般；（3）效果比较好

3. 生猪生病时，您一般怎样处理：（1）找兽医；（2）自己根据经验注射兽药；（3）直接屠宰后投入市场（提前出售）

4. 生猪出售时需要卫生防疫检验证，验证的主要方式是：（1）自己到卫生防疫部门办理；（2）由定点收购的屠宰场统一办理；（3）由卫生防疫机构工作人员当场发放；（4）不太清楚相关过程

5. 是否遵守休药期规定？（1）遵守，对生猪安全性有很大影响；（2）有时不遵守，因为遵守不遵守没多大区别；（3）不遵守，不太清楚怎么做

6. 您饲养的生猪在出栏前多长时间停止使用青霉素或链霉素？（1）3 天以内；（2）4—7 天；（3）8—10 天；（4）11—15 天；（5）15

天以上

7. 您了解禁用兽药吗？（1）完全不了解；（2）有些了解；（3）一般了解；（4）比较了解；（5）非常了解

8. 您是否了解生猪体内兽药残留超标会对人体健康产生危害？（1）完全不了解；（2）有些了解；（3）一般了解；（4）比较了解；（5）非常了解

9. 兽药残留有以下哪些危害？（可多选）（1）致癌；（2）致畸；（3）致基因突变；（4）引起过敏反应；（5）干扰人体激素功能；（6）产生耐药性；（7）引发胃肠道感染；（8）慢性中毒

（五）病死猪的处理

1. 您认为，发生死猪的主要原因：（1）自然死亡（比如冻死）；（2）管理不善；（3）饲料、药物与添加剂使用不当；（4）发生疫情；（5）其他________

2. 当生猪非正常死亡时，您是否及时向当地畜牧管理部门（或防疫员）报告疫情的情况：（1）报告；（2）不报告；（3）看情况

3. 当发生生猪非正常死亡时，一般处理病死猪的方式是：（1）焚化；（2）深埋；（3）随意丢弃；（4）制沼气；（5）出售；（6）用作其他动物（包括鱼类）的饲料；（7）其他 _____

4. 当发生生猪非正常死亡时，您是否愿意进行无害化处理（如焚化、深埋、制沼气）？（1）是；（2）否

5. 当发生生猪非正常死亡时，不愿意进行无害化处理的原因：（1）怕麻烦；（2）考虑成本；（3）无害化处理设施缺乏；（4）其他____

6. 您是否愿意将病死猪送到无害化处理厂进行统一处理？（1）不用处理（2）不愿意，要自己处理；（3）愿意统一处理

（六）耳标佩戴和管理

1. 您养殖的猪是否戴有耳标？（1）有；（2）没有

2. 佩戴耳标的获取渠道是？（1）卫生检疫员在注射疫苗后佩戴；（2）自己在检疫部门登记后申领；（3）不知道耳标是哪里来的

3. 如果佩戴了耳标，耳标上记录了哪些信息？（可多选）（1）生猪代号；（2）养猪场（户）信息；（3）父母本信息；（4）防疫信息；（5）饲料信息；（6）其他________

（七）动物福利

1. 您在饲养过程中是否有对生猪身体或心理健康有害的行为？（1）从来没有；（2）几乎没有；（3）一般；（4）偶尔有；（5）经常有

2. 猪也能感受饥渴，养殖者必须为猪提供足够的、符合要求食物和饮水，对此您的态度是：（1）非常不赞同；（2）不太赞同；（3）中立；（4）比较赞同；（5）完全赞同

3. 养殖场必须为猪提供适当空间，使其能够无困难的自由转身，对此您的态度是：（1）非常不赞同；（2）不太赞同；（3）中立；（4）比较赞同；（5）完全赞同

（八）猪场废弃物处理行为

1. 您家的猪舍清扫频次是：（1）一天两次；（2）一天一次；（3）两天一次；（4）三天一次或更少

2. 您家的生猪粪便如何处置：（1）还田；（2）沼气；（3）饲料；（4）废弃；（5）其他 _____

3. 您家的猪圈污水处理行为：（1）直接排放；（2）有专门的排放池；（3）其他 _____

三、销售渠道和合作方式

1. 您家饲养的生猪销售渠道最主要的是？（1）通过屠宰场或屠宰加工的龙头企业；（2）通过养殖场或养殖的龙头企业；（3）通过合作社；（4）通过中间商或经纪人；（5）代宰后自己直接到市场上销售；（6）自己运往外地销售；（7）其他________

2. 您家养殖场与成交地点的距离是？（1）1公里以下；（2）1—5公里；（3）5.1—10公里；（4）10.1—50公里；（5）50公里以上

3. 您家饲养的生猪主要通过哪种方式销售？（1）自由市场交易；（2）口头协议交易；（3）按商品收购合同交易；（4）按产品生产合同交易；（5）按合作社协议交易；（6）自己拥有屠宰场；（7）其他________

4. 您是否加入了养殖的合作社？（1）是（跳至第4.1题）；（2）否（跳至第5题）。

4.1 如果加入了合作社，请回答：合作社为您提供了哪些服务？（1）提供技术培训；（2）提供母猪；（3）提供仔猪；（4）提供猪舍建设指导；（5）提供贷款担保；（6）提供生猪疾病防治；（7）提供饲料；（8）提供兽药；（9）提供疫苗；（10）统一回收销售；（11）保险；（12）以上服务均没有

5. 您是否与屠宰加工企业（龙头企业）签订合约？（1）是；（2）否

6. 你是否和生猪收购商建立稳定的收购关系？（1）是；（2）否

7. 您是否听说过可追溯猪肉？（1）是；（2）否

8. 在您看来，实施猪肉可追溯是否必要？（1）是；（2）否

9. 您是否愿意参与猪肉可追溯体系？（1）是；（2）否

10. 您出售生猪时，客户对猪进行抽检吗？（1）抽检；（2）不抽检

11. 您是否参加过养猪方面的培训？（1）是；（2）否

12. 如果参加过，是由谁主办的？（1）畜牧兽医局；（2）屠宰加工企业或龙头企业；（3）饲料厂家或销售企业；（4）养猪协会或合作社；（5）种猪企业；（6）兽药厂家或销售公司；（7）疫苗生产厂家或销售企业；（8）其他________

四、生猪饲养成本与收益

请按照 2016 年的生产情况填写下述问题

1. 生猪平均出栏重量______（斤 / 头）

2. 生猪平均出栏价格______（元 / 斤）（填写最近一个月的成交价格）

3. 饲料成本____（元）（全部饲料费用），每头猪的饲料成本________（元 / 头）

4. 仔猪成本______（元 / 头）（每头仔猪的费用）

5. 防疫费______（元）（一年内全部的防疫费用）

6. 购买兽药、饲料添加剂的成本______（元）（全部费用）

7. 每头猪平均饲养天数______（天），最长饲养了______（天），最短______（天）

8. 猪舍修建费______（万元）（填写所有修建的猪舍总价）

9. 污水处理设备投入费______（万元）（填写所有买入的设备总价）

参考文献

曹进:《浅谈生猪生产中 HACCP 分析及控制》,《畜禽业》2008 年第 11 期。

曾琼、肖礼华、廖静:《利用 HACCP 体系进行无公害生猪生产》,《当代畜牧》2016 年第 30 期。

常倩、王士权、李秉龙:《农业产业组织对生产者质量控制的影响分析——来自内蒙古肉羊养殖户的经验证据》,《中国农村经济》2016 年第 3 期。

陈君石:《中国的食源性疾病有多严重?》,《北京科技报》2015 年 4 月 20 日。

陈于波:《食品工业企业技术管理》, 中国食品出版社 1987 年版。

陈祖杰、李乐、章建辉等:《HACCP 在湖南卤肉制品生产中的应用》,《食品与机械》2010 年第 5 期。

程明才:《HACCP 在冷冻猪肉加工储运过程中的应用》,《食品与机械》2012 年第 4 期。

程言清:《食品质量和食品安全辨析》,《中国食物与营养》2004 年第 6 期。

程言清:《食品质量与食品安全》,《农业质量标准》2004 年第 1 期。

俄广鑫、刘娣、郭权和等:《HACCP 在无公害生猪生产中的应用》,《畜牧与饲料科学》2009 年第 6 期。

樊哲炎:《HACCP 体系在无公害养猪生产上的应用与推广研究》,中国农业大学，硕士学位论文，2004 年。

冯学慧等:《浅析动物产品兽药残留的危害与对策》,《动物医学进展》2010 年第 31 期。

高云、张振祥:《HACCP 在速冻食品加工中的应用》,《食品研究与开发》2004 年第 3 期。

何承云、孙一帆、朱亚东等:《HACCP 体系在鱼肉罐头食品中的应用研究》,《河南科技学院学报》(自然科学版)2016 年第 1 期。

胡浩、张晖、黄士新:《规模养殖户健康养殖行为研究——以上海市为例》,《农业经济问题》2009 年第 8 期。

黄延珺:《江苏省养猪户饲料选择行为微观影响因素的实证研究》,《现代农业科技》2009 年第 3 期。

姜利红、潘迎捷、谢晶等:《基于 HACCP 的猪肉安全生产可追溯系统溯源信息的确定》,《中国食品学报》2009 年第 2 期。

李灿波:《生猪生产中 HACCP 分析及控制》,《养殖技术顾问》2013 年第 1 期。

李立清、许荣:《养殖户病死猪处理行为的实证分析》,《农业技术经济》2014 年第 3 期。

李艳霞:《HACCP 在从“农田到餐桌”食品供应链中的应用》,《检验检疫学刊》2008 年第 1 期。

李中东、孙焕:《基于 DEMATEL 的不同类型技术对农产品质量安全影响效应的实证分析——来自山东、浙江、江苏、河南和陕西五省农户的调查》,《中国农村经济》2011 年第 3 期。

梁流涛、冯淑怡、曲福田:《农业面源污染形成机制：理论与实证》,《中国人口·资源与环境》2010 年第 4 期。

林启才、杜利劳、张振文:《陕西省畜禽养殖业污染成因及防治问题研究》,《陕西农业科学》2014 年第 6 期。

林新仁、林国忠、李军山:《谈我国现阶段猪肉中的兽药残留现状》,《猪业科学》2012 年第 9 期。

刘军弟、王凯、季晨:《养猪户防疫意愿及其影响因素分析——基于江苏省的调查数据》,《农业技术经济》2009 年第 4 期。

刘俊威:《基于信号传递博弈模型的我国食品安全问题探析》,《特区经济》2012 年第 1 期。

刘万利、齐永家、吴秀敏:《养猪农户采用安全兽药行为的意愿分析——以四川为例》,《农业技术经济》2007 年第 1 期。

刘增金、乔娟、吴学兵:《纵向协作模式对生猪养殖场户参与猪肉可追溯体系意愿的影响》,《华南农业大学学报》(社会科学版)2014 年第 3 期。

刘召云、孙世民、王继永:《优质猪肉供应链中屠宰加工企业对猪肉质量安全的保障作用分析》,《世界农业》2008 年第 11 期。

卢志波:《养殖场和基层政府对能繁母猪补贴无好感》,《南方农村报》2011 年 7 月 19 日。

毛雪丹、胡俊峰、刘秀梅:《2003—2007 年中国 1060 起细菌性食源性疾病流行病学特征分析》,《中国食品卫生杂志》2010 年第 3 期。

茆志英:《以产业源头为重点的食品质量安全控制研究》，中国农业大学，博士学位论文，2015 年。

孟素荷:《从全球视角看看食品安全问题》,《北京青年报》2015年4月28日。

倪永付:《病死猪肉的危害、鉴别及控制》,《肉类工业》2012年第11期。

潘丹:《基于农户偏好的牲畜粪便污染治理政策选择——以生猪养殖为例》,《中国农村观察》2016年第2期。

彭玉珊、孙世民、陈会英:《养猪场(户)健康养殖实施意愿的影响因素分析——基于山东省等9省(区、市)的调查》,《中国农村观察》2011年第2期。

浦华、白裕兵:《养殖户违规用药行为影响因素研究》,《农业技术经济》2014年第3期。

任成云:《生猪的健康高效养殖技术》,《农业技术与装备》2014年第11期。

任端平、潘思轶、何晖等:《食品安全、食品卫生与食品质量概念辨析》,《食品科学》2006年第6期。

沙鸣、孙世民:《供应链环境下猪肉质量链链节点的重要程度分析——山东等16省(市)1156份问卷调查数据》,《中国农村经济》2011年第9期。

苏来金、吴文博、郭安托等:《HACCP在冻干即食刺参加工中的应用》,《水产科技情报》2014年第6期。

孙若愚、周静:《基于损害控制模型的农户过量使用兽药行为研究》,《农业技术经济》2015年第10期。

孙世民、李娟、张健如:《优质猪肉供应链中养猪场户的质量安全认知与行为分析——基于9省份653家养猪场户的问卷调查》,《农业经济问题》2011 年第 3 期。

孙世民、张媛媛、张健如:《基于 Logit—ISM 模型的养猪场(户)良好质量安全行为实施意愿影响因素的实证分析》,《中国农村经济》2012 年第 10 期。

孙世民:《基于质量安全的优质猪肉供应链建设与管理探讨》,《农业经济问题》2006 年第 4 期。

谭天明:《应重视在农业生产环节解决食品安全问题》,《经济纵横》2011 年第 9 期。

屠友金、汪以真、单体中:《影响猪肉安全的饲料因素分析》,《中国畜牧杂志》2004 年第 8 期。

王海涛:《产业链组织、政府规制与生猪养殖户安全生产决策行为研究》,南京农业大学,博士学位论文,2012 年。

王军:《猪肉产品中致病微生物的污染及风险评估研究》,西北农林科技大学,硕士学位论文,2007 年。

王士强:《饲料添加剂的认识误区及正确使用》,《养殖技术顾问》2011 年第 6 期。

王晓莉、李勇强、李清光等:《中国环境污染与食品安全问题的时空聚集性研究——突发环境事件与食源性疾病的交互》,《中国人口·资源与环境》2015 年第 12 期。

王瑜、应瑞瑶:《养猪户的药物添加剂使用行为及其影响因素分析——基于垂直协作方式的比较研究》,《南京农业大学学报》(社会科学版)2008 年第 2 期。

王瑜:《养猪户的药物添加剂使用行为及其影响因素分析——基于江苏省 542 户农户的调查数据》,《农业技术经济》2009 年第 5 期。

魏强华、余春茹、邓桂兰:《HACCP 体系在椰子汁饮料加工中的应用》,《食品研究与开发》2013 年第 3 期。

邬小撑、毛杨仓、占松华:《养猪户使用兽药及抗生素行为研究——基于 964 个生猪养殖户微观生产行为的问卷调查》,《中国畜牧杂志》2013 年第 14 期。

吴林海、吕煜昕、朱淀:《生猪养殖户对环境福利的态度及其影响因素分析:江苏阜宁县的案例》,《江南大学学报》(人文社会科学版)2015 年第 2 期。

吴林海、王淑娴、朱淀:《消费者对可追溯食品属性偏好研究:基于选择的联合分析方法》,《农业技术经济》2015 年第 4 期。

吴林海、谢旭燕:《生猪养殖户兽药使用行为的主要影响因素研究——以阜宁县为案例》,《农业现代化研究》2015 年第 4 期。

吴林海、许国艳、Hu Wuyang:《生猪养殖户病死猪处理影响因素及其行为选择——基于仿真实验的方法》,《南京农业大学学报》(社会科学版)2015 年第 2 期。

吴林海等:《中国食品安全发展报告 2017》,北京大学出版社 2017 年版。

吴秀敏:《养猪户采用安全兽药的意愿及其影响因素——基于四川省养猪户的实证分析》,《中国农村经济》2007 年第 9 期。

吴学兵、乔娟:《养殖场(户)生猪质量安全控制行为分析》,《华南农业大学学报》(社会科学版)2014 年第 1 期。

肖学流:《HACCP 质量管理体系在"光华百特"无公害生猪的应用研究》,中国农业科学院,硕士学位论文,2010 年。

徐明焕:《论质量安全型经济》,中国标准出版社 2013 年版。

杨光、肖海峰:《我国生猪养殖户饲料需求行为分析——基于对辽宁、河北生猪养殖户的问卷调查》,《技术经济》2010 年第 4 期。

杨小慧:《番茄食品加工企业实施 HACCP 常见问题及对策分析》,《食品安全导刊》2015 年第 9 期。

尹世久、高扬、吴林海:《构建中国特色的食品安全社会共治体系》,人民出版社 2017 年版。

张守文:《当前我国围绕食品安全内涵及相关立法的研究热点——兼论食品安全、食品卫生、食品质量之间关系的研究》,《食品科技》2005 年第 9 期。

张维理、武淑霞、冀宏杰等:《中国农业面源污染形势估计及控制对策，21 世纪初期中国农业面源污染的形势估计》,《中国农业科学》2004 年第 7 期。

张维迎:《博弈论与信息经济学》,上海人民出版社 2012 年版。

张雅燕:《养猪户病死猪无害化处理行为影响因素实证研究——基于江西养猪大县的调查》,《生态经济》(学术版)2013 年第 2 期。

张跃华、邬小撑:《食品安全及其管制与养猪户微观行为——基于养猪户出售病死猪及疫情报告的问卷调查》,《中国农村经济》2012 年第 7 期。

郑风田:《从食物安全体系到食品安全体系的调整——我国食物生产体系面临战略性转变》,《财经研究》2002 年第 2 期。

郑龙:《无公害生猪生产的 HACCP 模式的建立》,《当代畜牧》2006 年第 8 期。

钟杨、孟元亨、薛建宏:《生猪散养户采用绿色饲料添加剂的影响因素分析——以四川省苍溪县为例》,《农村经济》2013 年第 3 期。

钟真、孔祥智：《产业组织模式对农产品质量安全的影响：来自奶业的例证》，《管理世界》2012 年第 1 期。

周洁红、李凯：《农产品可追溯体系建设中农户生产档案记录行为的实证分析》，《中国农村经济》2013 年第 5 期。

周应恒等：《现代食品安全与管理》，经济管理出版社 2008 年版。

Adamowicz, W., Boxall, P., Williams, M., et al., "Stated Preference Approaches for Measuring Passive Use Values: Choice Experiments and Contingent Valuation", *American Journal of Agricultural Economics*, Vol.80, No.1, 1996.

Ahmad, S., "Food Quality and Safety", *Food Engineering*, Vol.3, No.4, 2014.

Akerlof, G. A., "The Market for Lemons", *Journal of Economics*, Vol.7, No.16, 1970.

Antle, J. M., "Efficient Food Safety Regulation in the Food Manufacturing Sector", *American Journal of Agricultural Economics*, Vol.78, No.5, 1996.

Antle, J. M., "No Such Thing as a Free Safe Lunch: The Cost of Food Safety Regulation in the Meat Industry", *American Journal of Agricultural Economics*, Vol.82, No.2, 2000.

Broom, D. M., "Animal Welfare: Concepts and Measurement", *Journal of Animal Science*, 1991, Vol.69, No.10.

Buhr, B. L., "Traceability and Information Technology in the Meat Supply Chain: Implications for Firm Organization and Market Structure", *Journal of Food Distribution Research*, Vol.34, No.3, 2003.

Camacho-Cuena, E., Requate, T., "The Regulation of Non-point Source

Pollution and Risk Preferences: An Experimental Approach", *Ecological Economics*, Vol.73, 2012.

Capita, R., Alonso-Calleja, C., "Antibiotic-resistant Bacteria: A Challenge for the Food Industry", *Critical Reviews in Food Science and Nutrition*, Vol.53, No.1, 2013.

Caswell, J. A., "Valuing the Benefits and Costs of Improved Food Safety and Nutrition", *Australian Journal of Agricultural and Resource Economics*, Vol.42, No.4, 1998.

Caswell, J. A., Bredahl, M. E., Hooker, N. H., "How Quality Management Metasystems are Affecting the Food Industry", *Applied Economic Perspectives and Policy*, Vol.20, No.2, 1998.

Chayanov, A.V., *Peasant Farm Organization*, Moscow: Cooperative Publishing House, 1925.

Codex, *Food Hygiene Basic Texts* (*Third Edition*), Codex Alimentarius Commission, Rome, 2003.

Dantzer, R., "Research on Farm Animal Transport in France: A Survey", *Current Topics in Veterinary Medicine Animal Science*, Vol.18, 1982.

Das, A., Pagell, M., Behm, M., et al., "Toward a Theory of the Linkages BetweenSafety and Quality", *Journal of Operations Management*, Vol.26, No.4, 2008.

Droby, S., "Improving Quality and Safety of Fresh Fruits and Vegetables after Harvest by the Use of Biocontrol Agents and Natural Materials", *Acta Horticulturae*, Vol.709, 2006.

Eaton, B. C., Lipsey, R. G., "Produc Differentiation", *Handbook of*

Industrial Organization, 1989.

Elbasha, E. H., Riggs T. L., "The Effects of Information on Producer and Consumer Incentives to Undertake Food Safety Efforts: A Theoretical Model and Policy Implications" , *Agribusiness*, Vol.19, No.1, 2003.

Food Standards Agency, *The FSA Foodborne Disease Strategy*, London: Food Standards Agency, 2011.

Fraser, D., "Animal Welfare and the Intensification of Animal Production" , *Fao Readings in Ethics*, Vol.12, 2005.

Goodhue, R. E., Klonsky, K., Mohapatra, S., "Can an Education Program be a Substitute for a Regulatory Program that Bans Pesticides? Evidence from a Panel Selection Model" , *American Journal of Agricultural Economics*, Vol.92, No.1, 2011.

Griffith, C. J., Worsfold, D., Mitchell, R., "Food Preparation, Risk Communication and the Consumer" , *Food Control*, Vol.9, No.4, 1998.

Grossman, S. J., Hart, O. D., "An Analysis of the Principal Agent Problem" , *Econometrica*, Vol.51, No.1, 1983.

Hansen–Moeller, J., Andersen, J. R., "Boar Taint–analytical Alternatives" , *Daenisches Forschungsinstitut fuer Fleischwirtschaft, Roskilde (Germany)*, Vol.74, 1994.

Harris, M., Raviv, A., "Some Results on Incentive Contracts with Applications to Education and Employment, Health Insurance, and Law Enforcement" , *American Economic Review*, Vol.68, No.1, 1978.

Heckman, J., Honore, B., "The Empirical Content of the Roy Model" , *Econometrica*, 1990, Vol.58, No.5.

Hennessy, D. A., Roosen, J., Miranowski, J. A., "Leadership and the Provision of Safe Food", *American Journal of Agricultural Economics*, Vol.83, 2003.

Hennessy, D. A., "Information Asymmetry as a Reason for Food Industry Vertical Integration", *American Journal of Agricultural Economics*, Vol.78, No.4, 1996.

Herrero, S. G., Saldana, M. A. M., Del Campo, M. A. M., et al., "From the Traditional Concept of Safety Management to Safety Integrated with Quality", *Journal of Safety Research*, Vol.33, No.1, 2002.

Hirschauer, N. A., "Model-based Approach to Moral Hazard in Food Chains: What Contribution do Principal Agent Models Make to the Understanding of Food Risks Induced by Opportunistic Behavior", *German Journal of Agricultural Economics*, Vol.53, No.5, 2011.

Hirschauer, N., Bavorova, M., Martino, G., "An Analytical Framework for a Behavioral Analysis of Non-compliance in Food Supply Chains", *British Food Journal*, Vol.114, No.8, 2012.

Hirschauer, N., Musshoff, O., "A Game-theoretic Approach to Behavioral Food Risks: The Case of Grain Producers", *Food Policy*, Vol.32, No.2, 2007.

Hoffmann, S. A., *Food Safety Policy and Economics: A Review of the Literature*, Discussion Paper Resources for the Future (RFF), 2010.

Horchner, P. M., Brett, D., Gormley, B., et al., "HACCP-based Approach to the Derivation of an On-farm Food Safety Program for the Australian Red Meat Industry", *Food Control*, Vol.17, No.7, 2006.

Horchner, P. M., Pointon, A. M., "HACCP-based Program for On-farm Food Safety for Pig Production in Australia", *Food Control*, Vol.22, No.10,

2011.

Huik, M. M. V., Bock, B. B., "Attitudes of Dutch Pig Farmers towards Animal Welfare" , *British Food Journal*, Vol.109, No.11, 2006.

Kafka, C., Von Alvensleben, R., "Consumer Perceptions of Food-related Hazards and the Problem of Risk Communication" , *4th AIR-CAT Plenary Meet Series: Health, Ecological and Safety Aspects in Food Choice*, Vol.4, No.1, 1998.

Kalbasi, A., Mukhtar, S., Hawkins, S. E., et al., "Carcass Composting for Management of Farm Mortalities: A Review" , *Compost Science & Utilization*, Vol.13, No.3, 2005.

Kauppinen, T., Vesala, K. M., Valros, A., "Farmer Attitude toward Improvement of Animal Welfare is Correlated with Piglet Production Parameters" , *Livestock Science*, Vol.143, No.2-3, 2012.

Khatri, Y., Collins, R., "Impact and Status of HACCP in the Australian Meat Industry" , *British Food Journal*, Vol.109, No.5, 2007.

Klein, B., Leffler, K. B., "The Role of Market Forces in Assuring Contractual Performance" , *Journal of Political Economy*, Vol.89, No.4, 1981.

Knight, C., Stanley, R., *HACCP Based Quality Assurance Systems for Organic Food Production Systems, Improving Sustainability in Organic and Low Input Food Production Systems*, Proceedings of the 3rd International Congress of the European Integrated Project Quality Low Input Food, University of Hohenheim, Germany, 2007.

Knight, F. H., *Risk, Uncertainty and Profit*, Courier Corporation, 2012.

Kruse, C. R., "Gender, Views of Nature, and Support for Animal Rights" ,

Society & Animals, Vol.7, No.3, 1999.

Lebret, B., Massabie, P., Granier, R., et al., "Influence of Outdoor Rearing and Indoor Temperature on Growth Performance, Carcass, Adipose Tissue and Muscle Traits in Pigs, and on the Technological and Eating Quality of Dry-cured Hams", *Meat Science*, Vol.62, No.4, 2002.

Liao, P. A., Chang, H. H., Chang, C. Y., "Why is the Food Traceability System Unsuccessful in Taiwan? Empirical Evidence from a National Survey of Fruit and Vegetable Farmers", *Food Policy*, Vol.36, No.5, 2011.

Malik, A., Erginkaya, Z., Ahmad, S., et al., "Food Processing: Strategies for Quality Assessment", *Springer New York*, Vol.1, 2014.

Mcfadden, D. L., Hausman, J. A., "A Specification Test for the Multinomial Logit Model", *Econometrica*,Vol.52, No.5, 1984.

Mozumder, P., Flugman, E., Randhir, T., "Adaptation Behavior in the Face of Global Climate Change: Survey Responses from Experts and Decision Makers Serving the Florida Keys", *Ocean & Coastal Management*, Vol.54, No.1, 2011.

Murray, A., Robertson, W., Nattress, F., et al., "Effect of Pre-slaughter Overnight Feed Withdrawal on Pig Carcass and Muscle Quality", *Canadian Journal of Animal Science*, Vol.81, No.1, 2001.

Ng, Y. K., "TowardsWelfare Biology: Evolutionary Economics of Animal Consciousness and Suffering", *Biology & Philosophy*, Vol.10, No.3, 1995.

Olynk, N. J., Tonsor, G. T., Wolf, C. A., "Verifying Credence Attributes in Livestock Production", *Journal of Agricultural and Applied Economics*, Vol.42, No.3, 2010.

Ortega, D. L., Wang, H. H., Wu, L., et al., "Modeling Heterogeneity in Consumer Preferences for Select Food Safety Attributes in China", *Food Policy*, Vol.36, No.2, 2011.

Otega D. L., *An Economic Exposition of Chinese Food Safety Issues*, Thesis of Purdue University Graduate School, 2012.

Papademas, P., Bintsis, T., "Food Safety Management Systems (FSMS) in the Dairy Industry: A Review", *International Journal of Dairy Technology*, Vol.63, No.4, 2010.

Pinto, D. B., Castro, I., Vicente, A. A., "The Use of TIC's as a Managing Tool for Traceability in the Food Industry", *Food Research International*, Vol.39, No.7, 2006.

Pointon, A. M., Horchner, P., *Food Safety Risk Based Profile of Pork Production in Australia, Technical Evidence to Support an On-farm HACCP Scheme*, Australia Pork Ltd., 2010.

Rasmusen, E., *Games and Information: An Introduction to Game Theory*, Blackwell, Cambridge and Oxford, 1994.

Rodriguez, S. V., Pla, L. M., Faulin, J., "New Opportunities in Operations Research to Improve Pork Supply Chain Efficiency", *Annals of Operations Research*, Vol.219, No.1, 2014.

Ropkins, K., Beck, A. J., "Evaluation of Worldwide Approaches to the Use of HACCP to Control Food Safety", *Trends in Food Science & Technology*, Vol.11, No.1, 2000.

Rosenvold, K., Andersen, H. J., "Factors of Significance, for Pork Quality: A Review", *Meat Science*, Vol.64, No.3, 2003.

Rosenvold, K., Laerke, H. N., Jensen, S. K., et al., "Manipulation of Critical Quality Indicators and Attributes in Pork through Vitamin E Supplementation, Muscle Glycogen Reducing Finishing Feeding and Pre–slaughter Stress" , *Meat Science*, Vol.62, No.4, 2002.

Roy, A., "Some Thoughts on the Distribution of Earnings" , *Oxford Economic Papers*, Vol.3, 1951.

Royal, S., *Risk: Analysis, Perception and Management*, London: The Royal Society, 1992.

Snyder, O., "Application of HACCP in Retail Food Production Operations" , *Febs Letters*, Vol.148, No.1, 2005.

Sheriff, G., "Efficient Waste? Why Farmers Over–apply Nutrients and the Implications for Policy Design" , *Applied Economic Perspectives and Policy*, Vol.27, No.4, 2005.

Starbird, S. A., "Moral Hazard, Inspection Policy, and Food Safety" , *American Journal of Agricultural Economics*, Vol.87, No.1, 2005.

Steenkamp, J. B. E., "Dynamics in Consumer Behavior with Respect to Agricultural and Food Products", *Agricultural Marketing and Consumer Behavior in a Changing World*" , *Springer US*, No.1, 1997.

Stiglitz, J. E., "Imperfect Information in the Product Market" , *Handbook of Industrial Organization*, 1989.

Suri, T., "Selection and Comparative Advantage in Technology Adoption" , *Econometrica*, Vol.79, 2011.

Tarkhashvili, N., Chokheli, M., Chubinidze, M., et al., "Regional Variations in Home Canning Practices and the Risk of Foodborne Botulism in the Republic of Georgia, 2003", *Journal of Food Protection*, Vol.78, No.4, 2015.

Tompkin, R. B., "HACCP in the Meat and Poultry Industry", *Food Control*, Vol.5, No.3, 1994.

United Nations, *Safety and Quality of Fresh Fruit and Vegetables: A Training Manual for Trainers*, New York, 2007.

US Federal Register, *Proposal to Establish Procedures for the Safe Processing and Importing of Fish and Fishery Products, Proposed Rule*, US Federal Register, Washington, USA, 1994.

Weiss, M. D.,"Information Issues for Principal and Agents in the 'Market' for Food Safety and Nutrition", in Caswell, J.A. (Eds.), *Valuing Food Safety and Nutrition*, University of Colorado Press, Boulder, CO, 1995.

Wu, L. H., Zhong, Y. Q., Shan, L. J., et al., "Public Risk Perception of Food Additives and Food Scares: The Case in Suzhou, China", *Appetite*, Vol. 70, 2013.

Yeung, R. M., Morris, J., "Food Safety Risk: Consumer Perception and Purchase Behavior", *British Food Journal*, Vol. 103, No.3, 2001.

Zheng, C., Liu, Y., Bluemling, B., et al., "Environmental Potentials of Policy Instruments to Mitigate Nutrient Emissions in Chinese Livestock Production", *Science of Total Environment*, Vol.502, No.1, 2015.

Zhong, Y. Q., Huang, Z. H., Wu, L. H., "Identifying Critical Factors Influencing the Safety and Quality Related Behaviors of Pig Farmers in China", *Food Control*, Vol.73, 2017.

后 记

本书是在我的博士论文基础上修改完善而成的，从选题到完稿，历时四个春秋。在付梓出版之际，要特别感谢在成文过程中帮助过我的师长、亲人和朋友。

首先，感谢我的导师黄祖辉教授。十分荣幸能够成为您的学生。您是农经领域的前辈与佼佼者，与您的交流总能使我对这一领域有更进一步的认知与体悟。您的厚重耕耘与积淀也使我明白，九层之台，起于累土，在研究上我仍然有很长的路要走。在学习上，您是严师；在生活上，您更像慈父。您关心学生的饮食起居，帮助学生解决生活上的困难，对我们的事业与家庭也同样关怀备至。您很少苛责我们在学习上的时间安排，却对自己有着严格的要求。您身上散发的人格魅力深深地感染着我，并对我的一生都有莫大的激励。您给予的指导与帮助，每一点一滴，我都铭记于心。

其次，感谢我的硕士导师吴林海教授。您引领我走上科研之路，从研究设计、数据搜集到模型构建、计量回归，都不吝倾囊相授。正是这些训练为我的书稿选题、方法选择以及实证回归打下了坚实的基础。您也是我人生路上的导师，教给许多我做人的智慧与处世的态度。硕士毕业后，您仍然关心着我的学业与生活，给您的每一封邮件与信息您都细致地答复。在我对未来方向迷茫无措的时候，是您的耐心开导与点拨，让我逐渐明确了今后的发展规划。感谢您，一直以来对我的关怀与帮助。

感谢浙江大学的潘士远教授、金祥荣教授、韩洪云教授、谭荣教授、金松青教授、宋华盛教授、金少胜副教授、叶春辉副教授、张自斌副教授，浙江工商大学的张旭昆教授，苏州大学的朱淀副教授，曲阜师范大学的尹世久教授、徐迎军副教授，江南大学的陈秀娟博士在书稿写作过程中对我的指导和帮助。

书稿使用的数据得到相关研究所和政府机构的指导和帮助。感谢江苏省农林畜牧局，安徽省农林畜牧局以及地方畜牧局的相关领导的支持与帮助。感谢江苏省食品安全研究基地的相关研究员，尤其是裘光倩、龚晓茹、于甜甜、盛祖顺、何银川、宋伶梅等在田野调研时的辛勤付出。

此外，国内外学者在相关领域已有许多先驱性的研究，本书在研究过程中参考了大量的相关文献与资料，并在书稿中尽可能地一一列出，在此深表感谢。

最后，由于现实问题的复杂性，作者在理论与实证方面仍存在不少进步的空间，不足之处，恳请各位读者批评指正。

责任编辑:吴炤东
封面设计:石笑梦

图书在版编目(CIP)数据

食品质量安全视角下生猪养殖户的生产者行为研究/钟颖琦,吴林海 著. —
北京:人民出版社,2018.12
ISBN 978-7-01-019919-1

Ⅰ.①食… Ⅱ.①钟… ②吴… Ⅲ.①猪-饲养管理-不良行为-影响-猪肉-食品安全-研究-中国 Ⅳ.①TS201.6

中国版本图书馆 CIP 数据核字(2018)第 235756 号

食品质量安全视角下生猪养殖户的生产者行为研究
SHIPIN ZHILIANG ANQUAN SHIJIAO XIA SHENGZHU YANGZHIHU DE SHENGCHANZHE XINGWEI YANJIU

钟颖琦　吴林海　著

人民出版社 出版发行
(100706　北京市东城区隆福寺街 99 号)

北京中科印刷有限公司印刷　新华书店经销

2018 年 12 月第 1 版　2018 年 12 月北京第 1 次印刷
开本:710 毫米×1000 毫米 1/16　印张:16.25
字数:200 千字

ISBN 978-7-01-019919-1　定价:65.00 元

邮购地址 100706　北京市东城区隆福寺街 99 号
人民东方图书销售中心　电话 (010)65250042　65289539